自然景观素描技法

陈鸿昭 著

学苑出版社

序

我不大懂素描，但我很喜欢素描，而且从素描获益匪浅。

素描是绘画中最单纯的造型形式，用单色笔画出来的黑白画。自然景观素描是用素描的技巧，以线条为主要表现形式，有目的有重点地描绘自然界中某些物体和现象，给人以直观形象感觉的黑白画。中外一些知名的探险家、旅行家几乎无一例外不是优秀素描家。

摄影在记录野外地理现象时无疑起着重要作用，但在某些情况下受到自然或技术因素的限制，会影响效果，就不得不应用自然景观素描。摄影的普及看来降低了自然景观素描的使用率，但素描把握特点、突出重点的优势是摄影无法代替的。

改革开放以来出版了为数众多的绘画书籍，但往往深者过深、浅者过浅，少年绘画与成人绘画脱节，绘画基础与专业脱节，真正适合中学地理教师、中学生和高等院校地学专业学生需要的不多。有鉴于此，陈鸿昭以简要和实用为基本点，从读者的心理接受和阅读期待出发，编写《自然景观素描技法》这本书。今值该书即将付梓，这的确是值得祝贺的事。基于我对他为人做学问的了解，欣然应其请求，乐为作序。

陈鸿昭对土壤地理研究十分敬业，不仅在专业上有成就，而且在自然景观素描方面也有贡献。他曾帮助我画过一些插图，包括红色风化壳类型图等。其中"祁连山—居延海间含盐风化壳地球化学分异"一幅，形象鲜明，内涵丰富，被人多次引用。我最称道的是他对工作和学习持之以恒的精神，即在野外以勤快为先，能够脚到、手到、眼到，反复观察事实，多记多画；在室内，勤读书、勤收集、勤思考、勤动手，多笔耕。做到了这"五个勤"，即使不能获大成，小成也必矣。

地理科学与素描毕竟是两个不同的学科领域，需要地学与艺术相参悟，析理谋新篇，并非易事。而《自然景观素描技法》一书尝试把绘画素描和地理科学有机地结合在一起，以自然景观素描技法为载体，自然地理学为主线，普及地理科学基本知识与一定的绘画理论和技巧，是学习自然景观素描技法和进行自然地理学习、教学及乡土研究的理想读物。我以为这本编著者"无心插柳"的书引起人关注，倒不是因为它多么有趣，也不是因为近300张素描多么吸引人眼球，而是以一个土壤地理学者的经历和实践，集各部门地理素描于一体，做到集成创新，形成自己特色。与国内同类素描技法书相比较，有以下几个特点：

1. 传承我国学画（指山水画）要通过临摹来学习的优秀传统，把临摹的概念引入素描。倡导学习自然景观素描分基本技巧练习与野外素描（写生）两个阶段来进行。前者是后者的基础，后者是前者的最终目标。基本技巧的练习是学习素描过程中不可或缺的内容，而临摹是学画的入门。初学者从线条练习和临摹现成略图开始，可以轻松地在向前辈学习的过程中，逐步掌握素描必须具备的技巧。然后再去进行野外素描，试试自己的工作能力。把从前辈那里学到的技法在对景写生中消化、提高。这样做站在前辈的肩上，起点高，成功的拿来用，失败的不再重复，可以少走弯路。

2. 吸取西方绘画要整体观察、多作比较、整体统一的理念。指导初学者开始作画时，不要急于求成，看到什么就马上画什么，而一定要从整体上全面地去观察所要描绘对象的外貌特征，再按素描程序，一步一步地去画。当整幅素描即将完成时，必须作一次全面的检查，将视线和注意力从细节描绘上再回到整个景物上来，用眼睛对景物与画面之间反复地观察比较，以求得多元协调和整体统一，养成严谨画风。

3．实景摹写，突出自然景观素描的特色。根据自然地理学和透视原理，分别剖析地貌、地质、气候、陆地水、植物、动物和土壤等真山真水，突出它们的形体、内部结构与内、外营力的相互联系，运用不同线条和不同表现形式把它们表示出来，使初学者能体悟到在描绘一个素描对象时，应仔细观察和分析它的地理本质。只有把对象的地理本质分析清楚后，才能表现出它的特质特貌；几乎一切自然地理要素都是由很多的因素影响造成的，如在描绘地貌时，特别重要的是表现其形态与它的构造、岩性、产状的关系，同时也要表现地貌和影响地貌的各个要素之间的联系，而这恰恰是其他绘画书很少涉及的。

是为序。

中国科学院南京土壤所研究员　龚子同

2012 年 12 月 4 日

前　言

我是一名土壤地理科学工作者，参加过"西部地区南水北调"、"青藏高原综合科学考察"、"长江三峡工程对生态与环境的影响及其对策"、"中国土壤系统分类研究"等重大科研项目 10 多项。编写这本自然景观素描技法书是出乎我意料的，因为我从未想过要写这类书。但仔细一想，看似偶然，实则必然，是机缘巧合。现在掌握和应用自然景观素描的人已经不多了，而我多少尚有担当此事的一些条件。我是学自然地理专业出身，有较扎实的地学基础；作为土壤地理工作者有机会去过祖国各地；去国外考察或探亲时，见过俄罗斯、美国、日本、印度尼西亚等国不同地带各种各样的自然景观，这些经历对我的工作有很大的帮助。我有一些素描基础。读中学时，跟着教美术的王绶益老师学静物写生，画宣传画，开始对画画有兴趣。大学时，著名地貌学家王德基教授常带我们去野外考察，培养了我对素描的热爱。此后，我无论在野外科学考察还是室内研究工作中都一直与画素描相伴。退休后，还到金陵老年大学跟樊凡老师学过 3 年山水画。更重要的是有领导与同事的推动。20 世纪 60 年代初，在一次全所年终学术交流汇报会上，我在报告西部地区南水北调综合考察工作时，用一组生动形象的素描，显示这个鲜为人知的横断山区的自然景观（当年科研条件差，不能充分使用照相技术），受到同事们的关注，后来常为一些论著画些素描插图；20 世纪 80 年代后期，我所编写《土壤地理研究法》，让我撰写野外素描一节；2006 年，龚子同、张甘霖研究员邀请我给研究生讲素描技法。为了备课，我把 40 多年来的素描作品和收集的范画共 200 多幅找出来，整理成一份名为《土壤景观素描技法》的画谱式讲稿，并进行试讲。我所老年科技工作者协会成立后，正、副理事长龚子同、杨苑璋研究员支持我把这份讲稿刻成光盘。

2009 年 3 月，在海口市参加中国自然地理丛书《中国土壤地理》审稿会时，中国地理学会副秘书长倪挺先生了解到我们做过一个素描技法光盘，便跟我们谈起他在北京的学苑出版社老同学，想物色一位既了解地学又会素描的人，来主编一本以面向中学生和地理教师为主的科普书。一来二往就与我联系上了，开始我表示没有思想准备，但孟白社长盯住不放，派编辑沈萌博士专程来南京说服我，我不好推脱，遂把这个任务接下来，并与沈萌商量，在原有讲稿基础上，适当扩展内容，并把自己对素描问题的认识和心得体会写出来与大家分享。可以说，这本自然景观素描技法书的问世，是集体智慧和劳动的产物。

本书题材丰富，附图 289 幅，内容由简到繁，技法由易到难，循序渐进，直观易学，具有较强的针对性、可读性和可鉴性。只要这本书对中学地理教师和中学生、高等学校地学和自然资源专业学生及有关科研人员和绘画爱好者有所启迪，能帮助他们解决学习自然景观素描中的困难，提升学习兴趣，启发他们树立审美观念，寻找到生活的美感，懂得欣赏人生，便达到了出版这本书的目的。

在此，我要向所有给予我支持和帮助的同志们致以诚挚的谢意。尤其在我编写本书的过程中，承蒙龚子同、杨苑璋研究员的支持，并提出不少建议和宝贵意见。倪挺先生和孟白社长、刘丰编辑、沈萌编辑给予热情鼓励和积极配合，这一切令我难以忘怀。书中的图幅主要是作者绘制，引用 30 多位中外学者的优秀素描都加以注明，对有些无从查考、未能注明的表示歉意和感谢。由于编写时间仓促，加上作者水平所限，可能存在不少缺点和错误，希望读者批评指正。

中国科学院南京土壤所研究员　陈鸿昭

2012 年 10 月 22 日

目 录
CONTENTS

第一部分　概说

　　为了正确地描绘大自然中的地理景观，这一部分先从九个方面介绍自然景观素描的基本理论知识和必要的技能。

一、什么是自然景观素描

（一）自然景观素描的概念

素描是绘画中最单纯的造型形式，是一种用单色笔（铅笔、钢笔、炭素笔等）在平面图上画出立体物像的黑白画。按素描的表现方法，可分为两大类：一类是用线条表现物体的结构，叫结构素描；一类是着重用光线明暗来表现物像，叫明暗素描。自然景观素描是指用地理科学的知识、素描的绘画技巧，在极短时间内，以线条为主要表现形式，将野外视野所及地方，由地貌（地形）、地质、气候、水文、土壤、生物等要素构成的自然景观（图 1-1-1）的形体特征和特定的地理现象，[13] 绘成一定大小纸上的黑白画。它在记录和阐明地学实质问题方面能给人以直观形象感觉，是自然景观三种不同表示方法之一（图 1-1-2）。

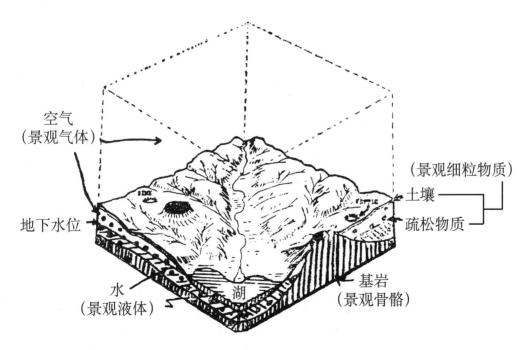

图 1-1-1　森林景观 1km^3 块体（森林未绘出）的概貌

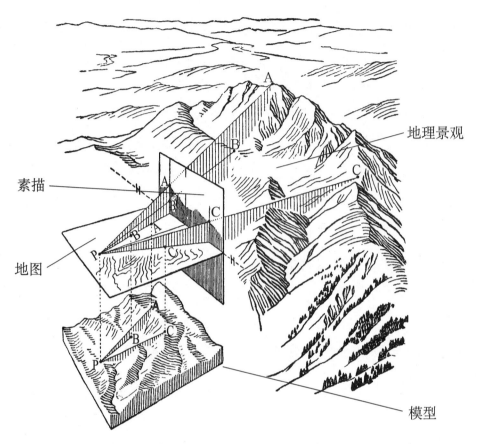

图 1-1-2　自然景观的三种表示方法（茵荷夫）

（二）自然景观素描的特点

素描因目的不同，有艺术家风景写生的绘画素描，也有机械制造、土木建筑的结构素描，还有地学家的自然景观素描（包括地景／地貌素描、地质素描、植物素描、土壤素描等）。自然景观素描与一般艺术家的绘画素描在题材和表现手法上有相似的地方，但是其目的和要求是不一样的。它们的区别是：绘画素描重意，强调主观意境和借物抒情，要求作者根据构思需要，处理画面的意境，除主要景物的特质特貌外，完全可以根据画家的意愿决定取舍，进行组合、布局，主要不在于画得像不像，而在于主题是否扣住欣赏者的心弦，给人以美的享受；而自然景观素描重形，强调如实描绘客观现象，表达地学内容，说明特定的地理现象和地理规律。自然景观素描也要求美观，但要简单和相称，不是故意渲染和夸张，曲解真实情况或使描绘对象在图中居于次要地位。

自然景观素描具有一目了然地反映地理物像的特点，可以弥补一些用冗长文字也无法描述清楚的不足。我国一向有文图并重的传统。文字叙述和插图的体现，犹如鸟的双翼与车的两轮。从某种程度上来说，摄影、录像的普及降低了自然景观素描的利用率，但由于镜头所向一览无遗，有时繁杂混乱，主次不明，而且往往受气候和光线条件影响，或由于位置关系而难于接近，以及摄影技术等因素的限制，不如自然景观素描那样随时可以应用，容易做到重点突出，形象鲜明，表达明确，应用简便。因此，自然景观素描并没有因科学的巨大进步而退出地学领域。相反，仍以它特有的形式在地学界作为固有的表现手段之一而历久不衰，成为地学工作者力求掌握的一种重要技能。不论在野外还是在室内，地学工作者都乐意使用素描为教学、科研和生产服务。

（三）自然景观素描的类型

按性质，自然景观素描可分为四大类：

1. **速描** 是一种用廖廖数笔迅速画出而不完备的素描。这种素描只画出对象的最主要特征，通常不需要太精确，但要表现出对象的位置和它的一般性质。（图 1-1-3）

图 1-1-3 桂林兴坪漓江速写

2. 略图（或剖面图） 是一种对某种对象（或某些对象的整体）简单化而无细节的简略素描（图 1-1-4）。略图可当做是一种独立的重点突出的素描。在野外写生时，素描图稿或草图也可称为略图。图 1-1-5 是河谷阶地剖面图。

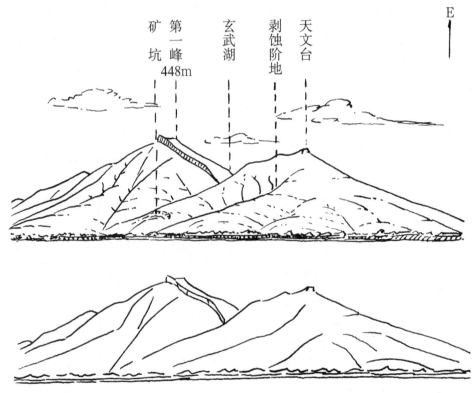

图 1-1-4　南京紫金山略图（下部、上部为同一山）（金谨乐）

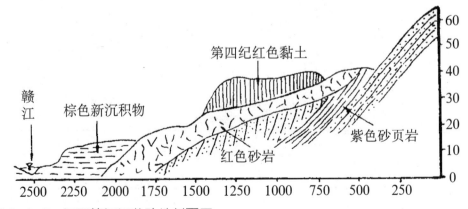

图 1-1-5　江西赣江河谷阶地剖面图

3. **素描**　是一种准确而清楚地表达对象性质的黑白图画。这种素描能把素描者所想要表达的东西用线条轮廓都表达出来（图1-1-6）。本书着重教的就是这种画法。

4. **块状图**　是一种科学图件。它以块状立体的形式，既说明地学上某些地表现象，又表示与这些地表现象密切相关的地下情况，其实用价值与素描一样（图1-1-7）。

图1-1-6　桂林龙脊梯田素描

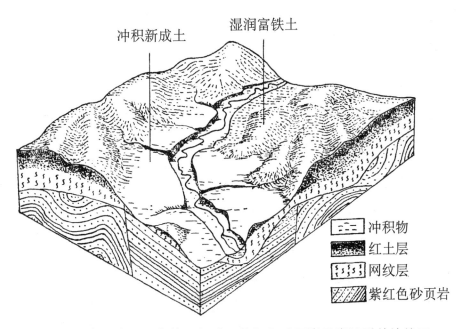

图1-1-7　表示地表新成土、富铁土与地下紫红色砂页岩母岩关系的块状图

二、这本书是为哪些读者写的

（一）中学生和地理教师等为何对画素描犯难

几乎所有孩子都喜欢画画，给张纸、递支笔就能任其所好地画起来，但是能坚持画下去的终究是少数。多数人长大以后，对画画的要求比从前高了，如果观察能力和艺术表达技巧没有得到提高，他们就会逐渐放弃自己的绘画兴趣，绘画能力也就停滞不前。有些中学生和旅行爱好者很喜欢地理，乐于旅行并尝试画素描，可是他们面对广阔地区的自然景物，不知该如何观察，怎样把握景物外形特征，怎样把广袤空间放进方寸之间，不会用线条语言来表现所需要描绘的对象，逐渐失去信心；有些地理教师和地学专业研究生，热爱自己的专业，了解素描在教学和科研中的作用，喜欢素描，但他们认为自己不行，没有画素描的才能，无决心学习；还有不少地学工作者，在地貌学、地质学上颇有成就，野外观察能力也很强，可是得不到指导，缺少绘画理论知识和技能，往往不能把观察所得画成生动形象的素描。上述素描学习者之所以犯难，究其原因是对自然景观素描在认识上有偏差，或不得要领。其实学习自然景观素描与我们学习语文、数学一样，成绩主要是由两方面因素决定的：一是对学习的兴趣、信心和意志力；二是学习的方法和技能。这两个方面综合起来构成一个人的学习能力。学习不是一蹴而就的事，需要一个渐进的积累过程。因此，要想提升学习能力和素描成绩，必须从提高学习兴趣和注意学习方法开始，脚踏实地，持之以恒地付出艰苦劳动，才能得心应手，有所收获。

（二）学习素描有哪些好处

自然景观素描不仅是一种探求地学奥秘的手段，还是美学教育的一个重要环节。作为一种适宜于广泛传播的精神载体，它向人们展示生活中的美好，传递真、善、美、才智和感情，以愉悦的方式引导社会走向文明、和谐。对中学生、地理教师和地学工作者来说，应该将它看作是成长过程中必不可少的养料，使自己开窍的途径，很可能会影响到自己未来的职业生涯和人生目标。人的一生可归结为两件事，即做人和做事。我们的前辈一直都提倡"先做人，后做事，做好事"，并以此教育子女，将其作为做学问、从艺或办好企业的核心理念。依我的体会，自然景观素描至少有三个功能，对我们的人生有很大的帮助。

1. 接受美学启蒙教育。画素描能培养自己善于发现生活中的美，激发学习绘画的兴趣。在画素描的过程中，有机会近距离接触大自然，从司空见惯的自然景象中，领略山水大地的自然形式美和自然景观素描的造型艺术美，增加学画素描的兴趣和热情。兴趣是一种好奇心，一种原动力，也是一种快乐。只有自己有兴趣，才能坚持认真去做，并有所得。几乎所有画家在开始学画时，都是出于兴趣和爱好。

2. 提升学习和工作能力。画素描可以开发智力，培养自己的观察、分析能力，开发想象力，增强表现力。一个中学生升入大学去读地理科学或机械制造、土木建筑、工艺美术设计等专业，在某种程度上都要应用自然景观素描、结构素描、明暗素描。研究生做毕业论文，要突破文字的限制，必须用既简便又明了的素描来代替冗长的文字叙述。如果他们参加了工作，从事对口的专业，必须懂得看图、用图，甚至绘图。当初不知道学素描有什么用，这时就体会到在任何情况下素描都是自己得力的助手。地理教师讲课时，往往要把一些难于理解的地学概念和抽象的现象讲清楚，更需要运用示意图解的黑板素描。"求人不如求己"，你自己会画素描，就能笔随心愿，主动得多。常言道"技多不压人，艺多不压身"，在当今这个激烈竞争的社会，有一技之长就多一点竞争优势和生存能力。

3. 陶冶性情，健康养生。画素描能锻炼头脑，使人观察敏锐、凝心安神，做事认真细致。画完后欣赏作品，能获得愉悦和享受，有一些成就感，能激发人的自信心和潜能。时间一长，还会悟出"人生如画"的感受。人生与画素描一样都是一门学问、一种艺术。描绘素描时的轻重缓急好比人生的跌宕起伏，渐渐地使自己磨炼出乐观、平和、沉稳的心理状态，不怕困难和挫折，有上进心和责任感，不懈地去实现人生价值，为人生添彩，为社会做贡献，使生命在快乐中延长。这就是学习素描的魅力所在。

基于这样的认识，我认为应该提倡中学生、中学地理教师、地学工作者及相关专业人士，还有大自然爱好者都来学一学自然景观素描。这本书就是为这一特定的人群"量身而写"的。

■ 三、素描的用具和材料

画素描一定要有一些用具和材料，但并不复杂，所费不多。

（一）素描的用具

1. **画板、画夹**　要求轻便平整，不弯曲变形，便于携带，作画时可以使用铁夹或图钉固定画纸。

2. **罗盘**　用以测定磁方位和水平角的简便仪器。其度盘刻度分为4个象限，每个象限刻成 $0° \sim 90°$，盘中心有一枢轴，上置磁针。磁针恒静止在南北方向，度盘随视线方向而旋转。使用时将罗盘仪置于方向线的一端，用觇板瞄准方向线的一端，读取度盘上磁针所指的读数，即为该方向线的磁方位角。如果在一点上测定两方向线的磁方位角，就可以计算出该两方向线间所夹的水平角。罗盘仪一般用于素描的近似定向，以及路线调查和地质调查。

此外，还需准备削铅笔的美工刀、图钉、铁夹、小沾水笔（不好使时可切掉笔尖，重磨）、抹笔布等。

（二）素描的材料

1. **画纸**　不宜太粗、太光、太滑，以专用素描纸和图画纸为主，大小以 32 开、16 开速写本为宜，或用 8 开素描纸自己裁开。

2．**铅笔、钢笔、炭素笔**　初学者或在野外主要是用铅笔进行描绘，待运用自如以后或回到室内才用钢笔或炭素笔描绘。使用铅笔的好处是：运用简便，画起来细致深入，简单明了，易于修改；对于地物的轮廓、层次、浓淡、疏密、粗细、明暗等特征都易于表现。

铅笔有软硬的分别，以 H 表示硬度，B 表示软度。H 前数字越大，铅笔芯越硬，B 前数字越大，铅笔芯越软。软硬程度不同的铅笔除铅笔芯的成分不同外，其粗细也不同。画自然景观素描时，宜用软硬适中的铅笔（2H、H、B）。根据不同需要，笔芯可削得略尖，也可削成斜面，以便表现各种宽窄线条（图 1-3-1）。

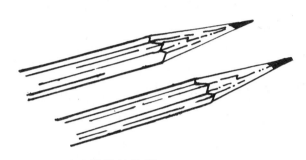

图 1-3-1　铅笔的修削

笔杆也要保持一定长度，以便度量比例。软硬不同的铅笔在描绘素描时，可以发挥它们不同的作用，较软的铅笔可用来表现画面中大部分线条及某些阴暗面（如近景中的背光部分、植被郁闭状况等）；较硬的铅笔可用来表现远山轮廓及其他细致明亮的线条。当然，这不是绝对机械的。熟练掌握以后，即使用一枝铅笔，也能画出许多富有变化的线条。[7]

3．**橡皮**　要求柔软，吸附力强，以 4B 橡皮为佳。

4．**墨汁**　为清绘素描图时用。以在砚台上磨的墨为佳。现在的书画墨汁如"一得阁"、"中华墨汁"的产品，用起来比较便捷，也可以用。质量不好的墨汁容易掉色，且不易干燥。

5．**硫酸纸**　在清绘素描图时用。把硫酸纸蒙在铅笔画稿上用小沾水笔沾墨进行清绘。

四、基本线条的练习

要学好素描，选择适合自己的学习方法是关键。以往绘制自然景观素描一般都是在野外对景写生（即野外素描），但这种方法对初学者不大合适。我从"中国山水画要通过临摹来学习"[18] 得到启发，觉得最好在直接对景写生之前先进行一定的适应性训练。临摹意为模仿，但其实"临"与"摹"是两种不同的方法，也适于两个不同的阶段。"摹"是一种很严谨的方法，适于初学阶段，要求严格按照范本，依样照画，要画得准。因为初学者往往不能理解用笔和线条的作用，只有摹多了，才会渐渐理解其奥秘，把前辈的技巧学到手。"临"则是学画者上了一个台阶。第一阶段开始"临"时，还要忠于临本，临得准；第二阶段为"意临"，在忠于临本的前提下，对着临本可以凭自己需要，有目的地临。建议在学习自然景观素描时，分以线条和临摹略图为主要内容的基本技巧练习与野外素描两个阶段来进行。基本技巧的练习是基础，野外素描是最终目标。当你的手、眼睛和脑有了训练，了解素描的形体结构、比例和地理知识之后，再到野外进行写生，就不会感到困惑和吃力。

下面主要介绍线条的练习。

（一）线条的表现形式

线条是素描中最基本最常见的表现形式。景物的轮廓要用线条来体现，立体的明暗和景物的质感（如坚硬的花岗岩，较软的泥页岩，流水，树，草等）也可以用线条来反映。自然景观素描中常用的线条有：水平线、直线、晕纹线、交叉线、曲线和点线。各种线条还有粗细、轻重、疏密、浓淡、刚柔、曲直之分，又可以由细到粗或由粗到细（图1-4-1）。

握笔的方法是，用大拇指和食指捏住笔，手腕应保持轻松自如，

图 1-4-1　素描常用的线条

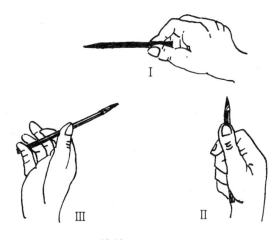

图 1-4-2　握笔的方法

并根据不同需要运用Ⅰ平握、Ⅱ竖握、Ⅲ斜握等方式（图1-4-2）。

线条依其功能可分为两种，一是轮廓线，二是晕纹线：

1. **轮廓线**　是最能概括提炼物体外形的线，既抽象又具体。画地形或一个物体像不像，要看轮廓线画得是否正确。画轮廓线一般应用水平线与直线，虚线或点线。素描中的水平线与直线，不是很平直，允许微小弯曲，可以由轻到重，或由重到轻，变化均匀，随手画来应该自然流畅。用以表现地平线、地形坡面线、岩石层面、平原或农田、道路和远处植被等。由于岩石性质不同，表现在山形上也不同，因而轮廓线的表现形式也不同。用什么样的线条应由地形或物体的岩石性质和形态特征来决定，不可千篇一律地照搬。

2. **晕纹线**　是指用短而细的有系统的线条，反映物体立体感和阴暗面，又称阴影线。这种线彼此平行，间隔相等（也有不一定完全相等的），排列方向不固定。它的应用很广，除表现山地外形及植被阴暗面、某些陡壁外，还可以表现物体表面的局部特写。

（二）晕纹线的练习

描绘轮廓线的练习，在描绘素描的过程中特别是在本书的第二部分将要一再地练习到，这里不赘述。晕纹线不是一切情况下都要使用的。为了提高描绘晕纹线的技巧，必须做些特殊的练习。我们将从简单的等斜线开始，即从右上角画到左下方或从左下方画到右上角的斜线（对角线）。当画得很好时，再把这一练习改用钢笔或炭素笔进行。[22]

练习1　在大约 4cm² 的两个正方形上（每边约 2cm）画均匀的等斜线（图 1-4-3）。画时必须徒手（不用尺子），各线条的粗细和线条之间的距离要力求一致。这个练习虽然简单，但要画得随心应手，就得重复多次的练习。

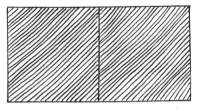

图 1-4-3　在 2 个 4cm² 正方形上画均匀晕纹

练习2　画一些边长从 1cm～4cm 大小不同的正方形，然后在上面画等斜线（图 1-4-4）。要求同练习1，线条粗细和间距要一致。通过这个练习，能感受到在小正方形中画比较容易，大的就比较困难。

练习3　在三个 4cm² 的正方形中描绘等斜线，并逐渐画成越来越密的晕纹（图 1-4-5）。

练习4　上述简单的晕纹画熟练后，可练习较复杂的等横线、等直线、等曲线。画水面，就常要用等横线晕纹来描绘，映有倒影的静

图 1-4-4　在边长 1cm～4cm 大小的正方形上画晕纹

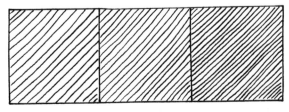

图 1-4-5　在三个 4cm² 正方形上画越来越密的晕纹

水面就常要用等垂线晕纹；表现地形、植物、江、河、湖、海的波浪及云等的形状则要用等曲线晕纹描绘。

在描绘线条时，用笔要沉稳，不能急躁，一笔下来不要犹豫停留，画出来的线条要流畅；控制运笔的速度、线条的轻重；每天有空闲就反复练习，练习越多，熟中生巧，描绘晕纹的熟练技巧就提高越快，这是练好线条的关键。

（三）点法和岩石符号

除晕纹线之外，学会用点子、点线来描绘，或用岩石符号绘制各种断面也是地理科学工作所必须掌握的技能。

画点子并不困难，但不能草率从事，马马虎虎，而要描绘成均等的，具有一定行列的。点子的行列有两种形式，一种是下一行各点的位置恰恰在上一行各点的下面（图1-4-6 Ⅰ）。另一种是上下各点成交叉的形式（图1-4-6 Ⅱ）。

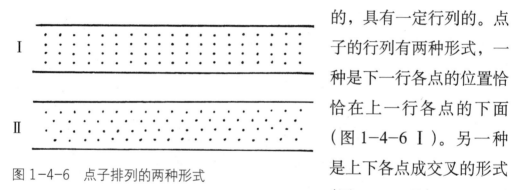

图1-4-6　点子排列的两种形式

岩石有沉积岩（又称水成岩）、火成岩（又称岩浆岩）和变质岩三大类。每一种岩石的剖面可用不同形式的点、点线晕纹，或一些大体上貌似岩石的符号来表示。例如，沉积岩中的砂岩是由大小不同的砂组成的，故总是用点子、点线来表示，由于其产状有水平的、无层次的、倾斜的三种，与此相应的是沿岩层的方向用水平点线、不规则点线、斜点线表示；砾岩是由大小不等的卵石组成的，用大空心点和小点或只用大空心点表示；黏土岩的产状多样，有无层次的、水平的、含砂的、含砾石的形式，可分别用短水平线、长水平线、短水平线与点、短水平线与空心点表示；泥炭和煤一般全用黑色描绘；石灰

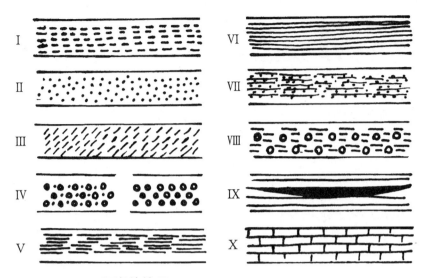

图 1-4-7　沉积岩的符号

Ⅰ 成层的砂　Ⅱ 无层次的砂　Ⅲ 倾斜的砂　Ⅳ 砾石
Ⅴ 无层次黏土　Ⅵ 有水平层次黏土　Ⅶ 含沙黏土
Ⅷ 含砾石黏土　Ⅸ 含泥炭和煤　Ⅹ 石灰岩层

火成岩符号

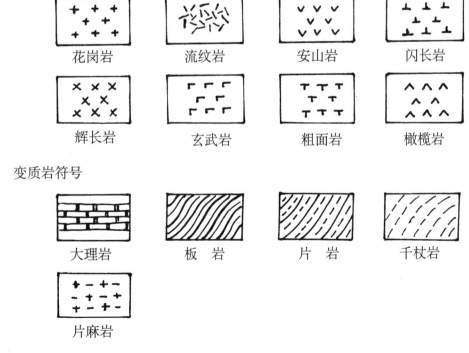

变质岩符号

图 1-4-8　火成岩和变质岩的符号

岩的特征是常有大量垂直裂缝，所以用砖型描绘（图 1-4-7）。

火成岩中的花岗岩和玄武岩一般是用稀疏的"+"或"┍"符号来表示，变质岩中的大理岩、板岩等用图形符号表示（图 1-4-8）。

在了解晕纹线的画法以后，自己可以绘制一些剖面，或模仿地质教科书上这样的剖面来练习应用点法和岩石符号。

五、临摹素描略图的练习

这里引用和设计一些习题，[22] 目的是训练目测素描对象的比例，以求得景物造型的准确性，同时体验在描绘一个地理对象时，应仔细分析它的地理本质，只有分析清楚以后才能着手描绘，并且只有这样才能表现出素描对象最本质、最重要的特征。

（一）照现成样子描略图

练习 1　临摹一座山的正面略图

给出的这幅山的正面略图（图 1-5-1）是这样绘制出来的。首先，在考虑图纸上的位置和大小之后，画一水平线作山的基线，然后观察山的形状，跟圆锥形近似，山（即圆锥形）的高比它的基线的宽度小得多，便在山的基线（水平线）上画一垂直线代表山高，画上斜线（山坡）就成山的略图。

现在要求你来临摹图 1-5-1，要求画得准，临得像。约束条件有二：一是用另一更大尺寸重新作图，因为同一尺寸会造成盲目仿效和抄袭，而在大幅图上更易发觉错误；二是只能用目测法，不能用两脚规或尺子来决定对象的相对位置，否则以后将不能学会写生。在这种情况下，要临画山的基线并不难，但决定山的高度比基线的宽度小

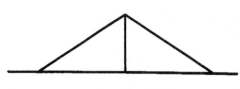

图 1-5-1　一座山的正面略图

多少就有点难，初学的人因不习
惯目测常会把高度过于夸大。如
目测高度只有宽度的 1/2，在垂
直线上取基线一半之长，画出的
山不是原来面貌，要比原来的高
而陡（图 1-5-2）。当你详细看样
图后，发觉高度不是基线的 1/2，
而大概是 1/3，于是再画一条水
平线，把它分为三份，画上垂直
线，截取基线 1/3 的高度，再画
上山坡，就成所要画的图（图 1-5-3）。

图 1-5-2　比原来的山高而陡

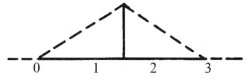

图 1-5-3　目测高度正确，就画出山原来的面貌

　　为什么要先把基线分为三份，再找中点画出垂直线呢？因为用目
测把一条无记号的单纯的线分为三份比把已被垂直线分为二份的线容
易分些，这也是后画垂直线的原因。不要把这些说明当做是多余的，
掌握了这个步骤将来就可避免许多错误。

　　练习 2　临摹一座山的侧面略图

　　这座山与前面所画的山稍有不同，它的两坡不一样（图 1-5-4
Ⅰ）。要求你把山的侧面准确地临摹出来。工作步骤同前，也是先画水平
线、目测高和宽的比例，再画垂直线。所不同的是：（1）图 1-5-4 高
度和基线宽度的比例不是 1/3，而是 1/4；（2）山峰不在基线中央上
部，而是偏右边很多。仔细观看
临摹样图后，你会看出山峰应在
基线右边一半的中部。要找出山
峰的位置，就必须把基线分为四
份，垂线应在第三点处画出来。
其次，在垂线上截取合乎要求的

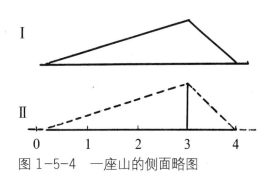

图 1-5-4　一座山的侧面略图

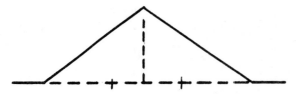

图 1-5-5　画得稍高一些，山就变成另外形状

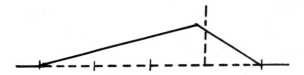

图 1-5-6　画得稍低一些，山峰偏左一点，山就变为另外形状

高度（即基线的 1/4）。这样就能正确地把这座山临摹出来（图 1-5-4 Ⅱ）。在前面练习中举过两个例子，山高和它的基线宽度的比例分别是 1/3 与 1/4，但实际上在画图时，高度就不会恰好等于山地基线宽度的 1/3 或 1/4，而是在 1/3

和 1/4 之间某一点。在这里目测就特别可贵，能近似地确立合乎要求的高度。例如同图 1-5-1 相似的山，画得稍微高一些（图 1-5-5）；与（图 1-5-4 Ⅰ）相似的山，画得稍微低些，并且山峰稍偏左一些（图 1-5-6），这样所画的山就变成了另外的形状，这类例子是很常见的。

练习 3　临摹一群山的侧面略图

这是一个画更复杂的山轮廓的练习，开始时不好理解，但如果想象把中部一山的两坡用辅助线（虚线）延长，再画两侧的山，就可看出只是把图 1-5-1 一座山正面略图的练习重复 3 次罢了（图 1-5-7、8）。

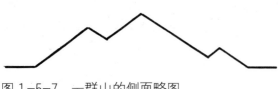

图 1-5-7　一群山的侧面略图

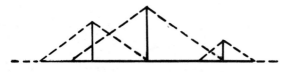

图 1-5-8　把中部一山两坡用虚线延长，再画两旁各山，一切就变得清楚了

上述 3 个练习所做目测比例和画简略轮廓，看起来很简单，做起来既麻烦又枯燥，但它非常重要，一切最复杂的素描作图都要根据对象各部分的比例关系来正确画图。学会这个基本功，你就掌握了素描的基础。偷懒

成不了大事，一定要不厌其烦地反复练习，才能获得必需的熟练技巧。另外，练习时画的都是山的简略轮廓，但你心里必须记住，所描绘山的轮廓实际并不是简单的直线。这种理解很重要，从一开始就习惯把对象和它的简化形状联系起来，理解你要画什么。

练习 4　临摹一组地貌形态略图

我国境内各种地形齐全，有山地、高原、盆地、丘陵和平原，各类地形交错分布。有的中学地理老师要讲解这些地貌类型的特征，用语言表达很困难，于是把它画成主题突出、画面十分简化的略图（又称黑板素描）（图 1-5-9）。

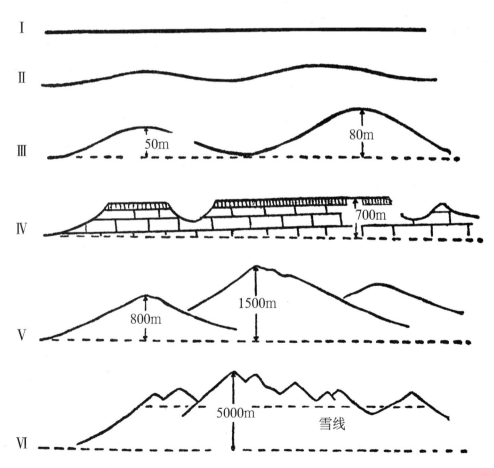

图 1-5-9　地形略图

Ⅰ 平坦平原　Ⅱ 波状平原　Ⅲ 丘陵　Ⅳ 高原和桌状山　Ⅴ 中山地　Ⅵ 高山

现在要求你把这张略图临摹到画纸上。在画的过程中，学习一些地理知识。如按地表形态特征，地形可分为平坦平原、波状平原、丘陵、高原和桌状山、中山、高山。地貌特征要画得正确。如果把丘陵画得太陡，会误导，给人一种丘陵是爬不上去的印象。盆地与丘陵，或丘陵与山地在本质上是彼此完全不同的，但在略图上它们的表示差不多。为了显示它们的差别，把它们的大小表示出来，可扼要标出若干米高，或在丘陵上画些树，在高山中画一条雪线。同时，体验画好素描要突出最重要的特征，简化或不绘其他无关景物，线条不宜过多，但要显明是关键。[22]积累这方面的经验，今后就可避免作画违反主题，把图弄得复杂化，使人难于了解。

（二）依据素描绘制略图

在做过照现成样子描略图的练习之后，我们已有了一点经验，可以进一步学习依据素描来绘制略图，跟以前一样，先从练习开始。

练习5 把一幅海岸的素描改绘成略图

给出的图1-5-10是有细节描绘的完整素描图。现在要求你练习突出重点、删繁就简，改绘成略图。在着手绘制略图之前，要仔细看图、读图。从图上可看出，陡峭的巨岩在画面中部，右边是高峻的海岸。前景是大石块，远方是地平线。显然，画面中部的巨岩是过去海岸的一部分。在风化作用和波浪的冲击下，海岸发生崩塌，滚落在海里的部分就形成孤立巨岩和分

图1-5-10 海岸的素描（包洛文金）

散的大石块。其中一部分石块已呈浑圆状，另一部分还有很多棱角，意味着前者较早遭受波浪的冲击磨圆，后者崩塌时间较近，还未被磨掉棱角。

在理解素描的地理内容后，再用画家的观点来观察，把它简化一些，画成略图。第一步是绘制图廓和控制线。我们的样图是有图廓的，就要用目测来决定图廓的高度和宽度之间的比例，把它画成需要的大小。然后根据读图发现的陡峭的巨岩在画面中部、巨岩的左边正在地平线中部的情况，把地平线大致安置在图廓的中部，并在这里画垂直线，再在垂直线上画出巨岩的高度，根据目测，巨岩约占地平线和上图廓一段的2/3，接着画出巨岩基部和它右边的位置，以及右边海岸基部的位置（1-5-11 Ⅰ）；第二步用平直斜线描画出海岸的上部及前景石块近似的几何轮廓（图1-5-11 Ⅱ）；第三步用简洁的线条把素描中

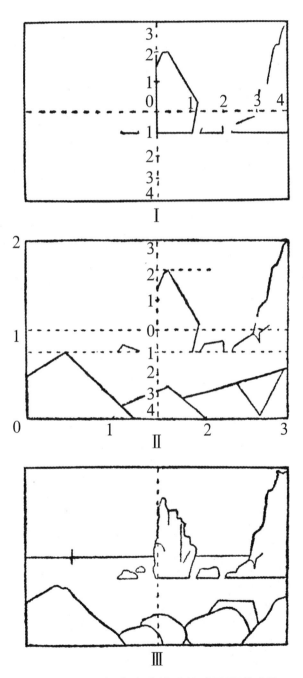

图1-5-11　把海岸素描改绘成略图的步骤

最主要部分的特征及其他小的对象准确描绘成略图（图1-5-11Ⅲ）。至于细节的描绘，不是临摹阶段的任务，现在最重要的是先学好描绘略图。

练习6 把一幅岩墙的素描改绘成略图

给出的图是另一题材的素描。现在要求你用同样方法做练习，体验只有清楚素描对象的内容和地理本质，把握住它的特质特貌，才能画好略图。从图1-5-12可看出画面是由不同硬度的石灰岩和泥灰质粉砂岩、煤层所构成山地的一部分。山地被裂隙和沟谷切割成几块，继续被流水侵蚀，抗蚀性弱的泥质粉砂岩及煤层被侵蚀掉，而岩性坚硬、抗蚀力强的石灰岩残留成岩墙。

绘制略图的第一步是绘图廓，把图廓的高分为两半以后，再确定直立岩墙的周围和顶端的位置。接着，把图廓用垂直线分成两半，再

图1-5-12 湖北建始凉风槽的岩墙（蓝淇锋）

P_1m ——二叠系下统矛口组灰岩

P_2w^2 ——二叠系上统吴家坪组上段石灰岩 P_2w^1 ——吴家坪组下段泥灰质粉砂岩及煤层

确定直立岩墙左边的位置（图 1-5-13 Ⅰ）；第二步描绘出直立岩墙近似几何轮廓（图 1-5-13 Ⅱ）；第三步描绘素描中最主要部分特征及其他小的对象的位置，画出略图（图 1-5-13 Ⅲ）。

六、自然景观素描的画理

自然景观素描从技法上概括，包括形象和明暗两个方面。因此，在进行野外素描时，要使自然界的立体景物画得正确，必须依靠透视原理控制景物在画面中的位置及其立体轮廓。同时，一定要分析素描对象的光线明暗程度，并利用线条的多少来表示景物的阴影面，这样画出来的素描才真实，并具有丰富的立体感。

（一）透视基本原则

在广阔地区上的景物，被画物体与画者之间存在一定的空间距离。这种空间距离会造成被画物体在画者眼里出现近大远小、近实远虚的现象，在绘画中称之为透视现象。这种现象我们在日常生活中经常遇到。如果我们俯视一块方形术

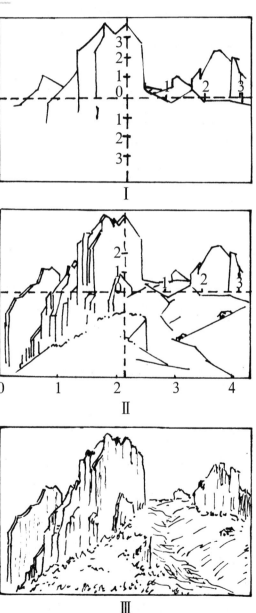

图 1-5-13　把岩墙素描改绘成略图的步骤

板，则只能看到木板的一个面，而木板四个角都呈 90°（图 1-6-1 Ⅰ）。如果改变木板位置，令木板在我们眼睛的前上方，则木板边长有所改变，a>b、d>c；原来呈 90°的角现在也变了（图 1-6-1 Ⅱ）。假如再改变一下位置，把木板放在我们眼睛的右上方，此时正方形的几个边 a、b、c、d、e、f 都不相等（图 1-6-1 Ⅲ）。从这种现象可发现一个规律，木板各个等长的棱线，离我们的眼愈近则愈长，反之愈远愈短。

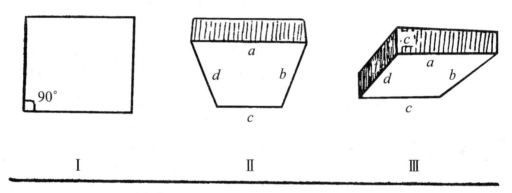

图 1-6-1　从正方形木板位置的改变了解透视现象

为什么相同大小的木板，离我们近的大而远的小呢？为了阐明这个道理，我们通过下面的透视图就会明白。在观察者与被观察的对象之间，假设有一透明平面，该平面垂直于观察者的视线，通过观察者的眼睛作对物体各点的连线，这些线与假想平面相交，这些交点所呈现的图形就是透视图（图 1-6-2）。从这个图上就容易看出相同大小的物体离我们近的大而远的小。因此，描绘自然景观素描必须了解这个透视法则，并在工作中熟练应用它，才能正确地将物体在空间的样子表现在画面上。在野外素描中最常用的透视原则 [2] 如下：

1. 任何一幅素描图都只有一条视平线，当视平线 AB 在图的中部时，同样长短的物体，距离愈近愈长，愈远愈短，最终消失在地平线上。说明这个问题最好的例子是电线杆和马路。电线杆的长短、粗细及间距是相同的，马路的宽度是一致的。由于它们的远近不同，在透视面上的位置也不相同，在画面上就表现出这个规律（图1-6-3）。
这个原则也适用于同样大小的物体，距离愈远则在图上表现愈小，并
消失在视平线上。

图1-6-2　透视图形成的示意

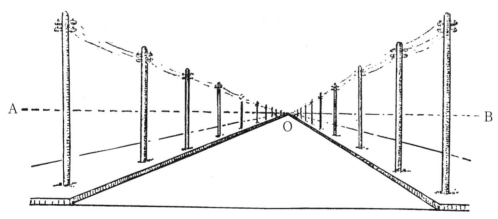

图1-6-3　视平线在图中部时的透视近长（宽）远短（窄）

图1-6-4、5、6都是不符合透视规律的画图，从这三个图可以看
出，只要有个别部分违反了透视规律，整个画面就被破坏了。

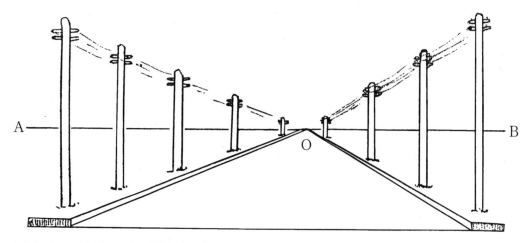

图 1-6-4　间距不合乎透视原则

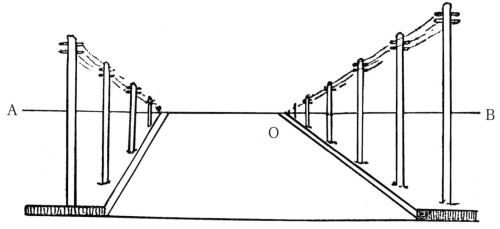

图 1-6-5　马路不合乎透视原则

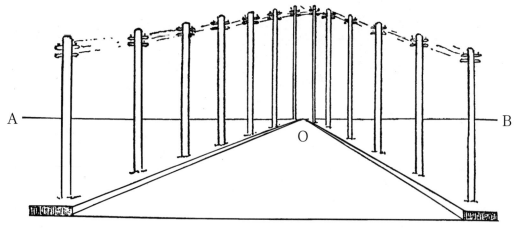

图 1-6-6　电线杆大小、长短不合乎透视原则

2. 当视平线 AB 在图的顶部时，低于视平线同高各点，距观察者愈近愈低，愈远愈高并愈接近于视平线，如图 1-6-7 中 ABCD 及 abcd 各点愈近愈低，愈远愈高并愈接近于视平线。

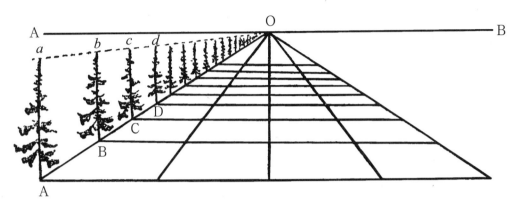

图 1-6-7　视平线在图的顶部时，低于视平线同高各点，愈近愈低，愈远愈高

3. 当视平线 AB 在图中上部时，高于视平线同高各点，距观察者愈近愈高，愈远愈低，最后接近视平线时而消失。如图 1-6-8 中 abcd 各点愈远愈低，最后消失在视平线上。

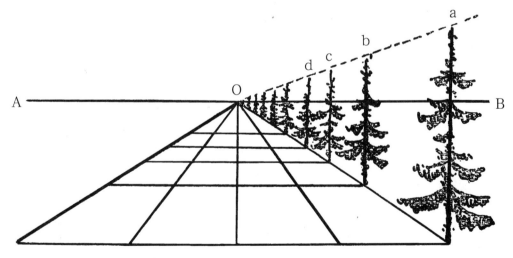

图 1-6-8　视平线在图中上部时，高于视平线同高各点愈近愈高，愈远愈低

（二）光线明暗与线条的应用

我们所以能看见物体，是由于光线照射到物体后，物体反射了

光线而映入我们眼睛的结果。如果没有光线就什么也看不见，立体和平面的区别也就不为我们所感觉了。因此，认识一个物体首先要有光线，有了光线才能在一个物体上呈现明暗的差别，从而显出物体的立体形象。在野外的光源是太阳，受光的部分明亮，背光的部分就阴暗（图 1-6-9）。所以素描时，不要忘记太阳在哪边。

图 1-6-9　受光的部分明亮，背光的部分阴暗

　　自然景观素描的对象一般都比较大，光影阴暗关系比较明显，物体表面也多是粗糙不平的，不像一般绘画素描写生静物有明显的阴影过渡面。因此，对于明暗在物体上的分配没有细分为三大面（亮面、灰面、暗面）、五大调（高光、亮调子、灰调子、暗调子、反光）的必要。只要区分出受光面与背光面两大部分就可以了。

　　利用线条表示物体受光的明亮面和背光的阴暗面（阴影面）时，一般在明亮面不用或少用线条，能说明物体表面起伏变化即可；阴暗面则用较粗、排列较密的线条，甚至用画线成面或涂黑的方法来表示；而明亮面与阴暗面之间则可用少量细而疏的线条过渡，以显示立体感（图 1-6-10）。

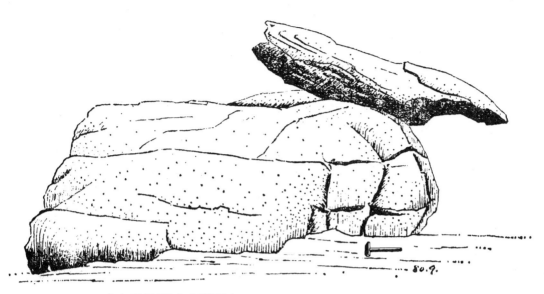

图 1-6-10　庐山重叠石（金谨乐）

图 1-6-11　表示砂岩背光部分阴暗时一定要用"点"

　　阴影线的表现方式，视表现的物体可采用简繁不同的晕纹线、交叉线、点甚或涂黑表示，如山地背光的阴影面用斜晕线、交叉线，植被多用晕纹线。画地质素描时，还要考虑到岩性，避免表现错综复杂的线条，尽量应用岩性符号或图式符号作阴影线条，如砂岩多用点（图 1-6-11）。砾岩以小圈与点结合，石灰岩用两组直交而不相截的线，火成岩及变质岩可用特定符号，这样当人们看到素描图时，就会对岩石岩性的情况有所了解。阴影线的繁与简各有优缺点。繁的线、点可以详尽地表达特征，但费时较多；简单的线、点费时较少，画得好也很能说明问题。一般在野外先勾一个简单的轮廓，回到室内后根据需要再详加补充。

具体运用线条时，要针对所表现的自然景观特征，注意多种线条的配合使用，既可丰富自然景观内容，又可避免外形单调刻板。

线条作为一种形式，它所具有的力量和多方面的适应性，使它有描绘广阔范围和多种自然景物的可能性。一个善于素描的人，往往能运用各种线条，巧妙表现自然景观，使人如亲临其境。而不会运用线条的人，即使取景、构图正确，线条不是机械、呆板，就是欠生动活泼，从而破坏素描效果。可以不夸张地说，如果不很好掌握线条基本功，要学好自然景观素描几乎是不可能的。

■ 七、野外素描的步骤和方法

描绘现成的素描略图与野外对景写生的素描，两者的技巧实际差不多，所不同的是，前者描绘的对象像静物写生那样在我们身边，而后者面对广阔地区，素描的对象通常是在远处，规模很大，而且不能任意移动，究竟应该怎样去画呢？

（一）分析主题　确定范围

任何一幅自然景观素描都应该有一个主题，首先必须明确为了说明什么问题，达到什么目的而画。因此，着手描绘之前，要了解一下素描对象的自然环境，分析主题，根据预定要求进行取景，然后再下笔。

选定素描对象和范围就像摄影的取景，要求所描绘的景物可以代表该地区的典型部分，并且彼此均匀，调和与相称，令人有美观的感觉。[15] 因此，除注意素描者（即视点、观察点，下同）与素描对象

（被素描的形体）之间的距离外，还要考虑观察点与被素描形体的角
度、观察点高度变化等问题。[7] 掌握以上几点需要一段时间的实际锻
炼。对初学者一般的要求是，主要素描对象的位置应画得适中，素描
者与被素描的形体之间的距离，应不小于素描物最长边的 3 倍。确定
素描范围可以用手作取景框。方法是两手的拇指与食指伸直，形成八
字形，然后两手的拇指与食指相对，组成一个长方形，即构成一个取
景框（图 1-7-1 Ⅰ），凡在该范围看到的景物界限，即为素描范围的界
限。如果该框中景物不合适，可伸长手臂或缩短手臂，使之朝眼的方
向接近。若还不能使框中的自然景象大小适中的话，可前进或后退数
步，直至自然景象在框中的位置达到适中为止。此时要记住，框中看
到的自然景象的范围，由图 1-7-1 Ⅱ中 ABCD 四线围住。因此，在画
纸上要画出 ABCD 四线所包括的景物。往往有些素描者，不先确定范
围就开始画，以致对主要景物的素描不是画得太小，就是画得太大，
在素描图中只能放下它的一角，因而影响了素描质量。[2] 重新再画，
就会影响工作进度，浪费时间（图 1-7-2）。[22]

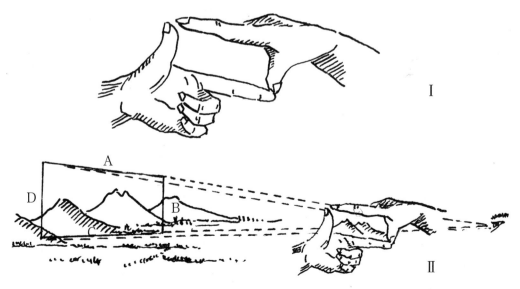

图 1-7-1　用手构成取景框与框中看到自然景象的范围

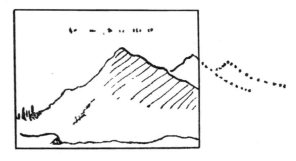

图 1-7-2   不确定范围就开始画的后果

（二）测量比例   着手构图

自然景观素描，实际上是一幅缩小的立体透视图。根据主题思想的要求将素描对象在画面上的位置作适当的安排，把它们既有重点又有秩序地组织起来，以达到和谐美观的效果，叫做构图。构图时，要测量画面上物体高和宽的相对比例。方法是手握铅笔（图 1-7-3）将手臂伸直，闭上左眼，令右眼通过铅笔和要画的对象呈一直线，然后移动拇指，在铅笔上截一物体呈象之长，此长度即为我们要求的比例。

如图 1-7-4 所示，在进行素描时，首先应确定主要部分 A 的比例，如在铅笔上量得一个长度 a，之后乘以系数 x 令 ax=A，然后按一定的比例画在图上。再量出已画过的物体与将要画物体之间的距离，在铅笔上量得长度为 b，之后乘以系数 x，得出应在素描图上之长 bx=B，也按比例画在图上。再用同样方法量第二个物体 c 之长，即得

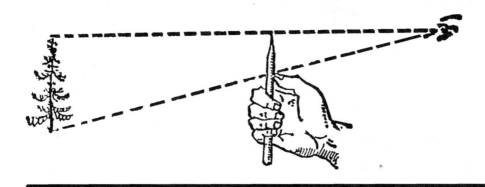

图 1-7-3   用手握铅笔取比例

素描图上之长 C，这样物体的相对比例就可求得了。

　　确定物体在图上的相对比例，实际上也是符合透视原则的。很难想象在野外素描时，用铅笔量了上再量下，量完高再量宽，然后乘一个系数再画到图上，这样太麻烦了。它只是辅助我们了解一下比例就够了。实际在素描时，我们只要掌握前面所讲的透视基本原则就行了。

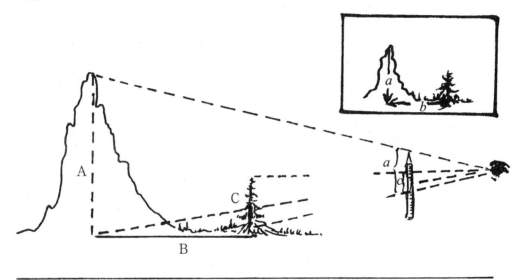

图 1-7-4　求主要和次要物体比例

　　构图主要是确定视平线（水平线）、主垂线（中央线）及控制点，以控制距离远近和物体在画面上的位置。视平线在画面上的位置随绘图者所站位置而异。如果绘图者站在地面上绘制素描图，视平线（AB 线）应在图幅中下部（图 1-7-5）。若绘图者站在山顶上绘制素描图，由于位置高了，则视平线应往纸的上方移动，放在图幅上部（图 1-7-6）。

　　主垂线是控制主要景物的垂直基线，画在素描图的中央，可以偏左一点，也可偏右一点。同时要选择几个地形或景物最显著的地方（如山峰顶点、两山交界点、树木、建筑物、道路、河流等）作为控制点，并分出主要控制点与次要控制点。主要控制点为视平线与主垂线的交汇点。图1-7-7是一幅表示地形控制在素描图中位置的素描。AB为视平线，绘图者站在略高的地方。因此，视平线较高，近山大于远山，最远消失在视平线上，山脚皆位于视平线下并同高（因都位于地平面上）。由于透视原则的关系，进行这一步骤时，要注意以下三点：

图1-7-5　作者站在地面时，视平线应放在图幅中下部

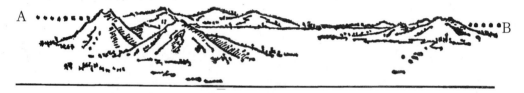

图1-7-6　作者站在山顶时，视平线应放在图幅上部

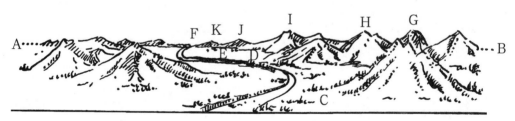

图1-7-7　地形的控制点

1. 视平线下的同高各点，愈近愈低，愈远愈高，愈接近于视平线，所以C低于D，D低于E，E低于F，而F非常接近于视平线。

2. 视平线上各点，愈近愈高，愈远愈低，最远消失在视平线上，而图中的山如G、H、I、J、K等并非同高，所以不能全部符合愈近愈高的规律，但愈远愈接近视平线。

3. 图上河曲愈近愈宽，愈远愈狭，最远至视平线处而消失。

以上所涉及的线条透视原则，是在进行素描时必须熟记的，只有这样才能正确确定物体在素描图中的位置，并显示出空间感和深远感。但在一般情况下或对素描比较熟悉了之后，在构图时，只要把视平线放在画面底部大约1/3处，再由视平线大约1/2处的中点作一主垂线，使两山轮廓交汇点处于该线上，这样就可使素描对象的主体处于左上部或右上部。整个素描对象的位置就被这两条线控制住了（图1-7-8）。接着再参照控制点定其他山头和河曲的位置。

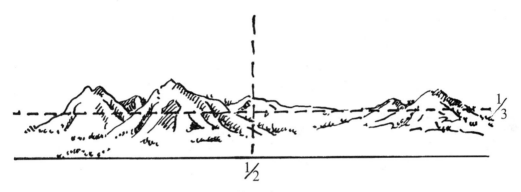

图 1-7-8　画出视平线和主垂线两条控制线

（三）图形概括　勾绘轮廓

在解决了物体高和宽的相对比和在画面上的位置后，即可进行素描了。初学的绘图者在此时，往往看到素描对象以后，马上就对主要部分或个别地方进行描绘，而没有照顾到全面，以致最后前功尽弃。为了正确地画出景物的形体，一定要大处着眼，从整体出发，先从勾画素描对象主要部分的轮廓开始。把景物外表的某些特征看成是一种或若干种几何体的组合，以线条或曲线把它划分为等边三角形、梯形等若干个"面"，进行图形概括，再用铅笔轻轻地画出素描对象主要部分块面的大体几何轮廓（图1-7-9）。然后对画面进行初步充实，即把主要山脊、沟谷、山麓等描绘出来。这样就成为一幅素描略图（图1-7-10）。

（四）重点显示　细部描绘

在素描略图的基础上，根据主题重点显示连绵的山岭和山坡的切割情况（图 1-7-11），运用线条和阴影等不同表现形式进行深入的细部描绘（图 1-7-12）。在进行这一步时要注意如下几点：

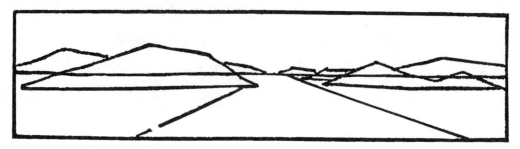

图 1-7-9　勾绘大体几何轮廓

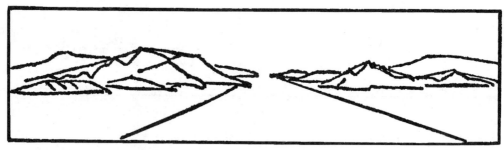

图 1-7-10　初步完成略图

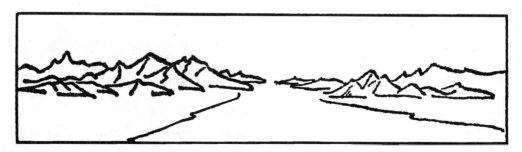

图 1-7-11　重点显示

图 1-7-12　从细部描绘到素描完成

1．描绘要按先近景后远景的顺序进行。近景明暗要鲜明，远景可涂得暗些；先完成素描对象的主要部分，素描对象的次要部分可放在第二步或第三步。

2．当细部描绘到一定程度、整幅素描即将完成时，必须做一次全面的检查，将视线与注意力从细节的描绘上再回到整个素描对象上来，在素描景物与画面之间反复观察比较，是否协调，有无多余或遗漏。如发现不当之处，要立即进行修饰。

3．在野外，时间往往有限，不可能长时间停留在素描点上，描绘时应抓住景物主要特征迅速下笔。若时间不许可，一部分工作量得带回室内进行。在室内可以对照在野外所拍同一素描景物的照片进行加工，如通过线条求得质感的体现，通过阴影求得立体感的增强等。当然，在进行艺术处理时应忠实于素描景物的真实性，不能过分夸张而失真。

（五）加注文字　清绘着墨

一幅完整的自然景观素描图，除表现景物形体外，还必须加注一些说明文字，如图名、素描内容、主要地点、素描位置、方向、比例尺、日期等。注字要一样高低，大小相称，以示美观。由于素描图在野外一般是用铅笔画成的，回驻地后要用沾水笔或炭素笔上墨。上墨时，先画基本轮廓，再详细描绘，以免发生错误。

八、野外素描技术要点

在野外绘制自然景观素描时，往往面临广阔的空间，景象非常复杂，为了正确表现素描对象的形态特征与内在结构，除应注意素描的步骤及方法外，还必须把握好取景、构图、块面、重点与取舍等技法要点。[22]

（一）取景

在野外素描时，下笔之前，首先要确定一个理想的观察点（又称视点），然后根据预定的主题并与构图结合起来进行取景，以及初步考虑怎样表现其中的自然景象，从而定出素描的范围。

影响取景效果的因素有三个：

一是观察点与素描对象之间的距离远近。一般说来，距离远，素描对象在画面上就小，距离近就大。随着距离的不同，就有全景、中景、前景和特写之分。这对于表现自然景象内容有不同的作用。

全景 可以表现自然景象的本身及其相互联系、相互制约的整体关系，但由于距离较远，只能表现一个大概面貌，具体细节不十分明显。

中景 由于观察点与素描对象之间的距离缩小，限制了空间，排除了一些次要的情景，所以能够突出景物的中心部分，但它不能使读者看到这种情景所发生的整体环境。

前景或特写 用于表现自然景象的特征，使读者能深刻地认识它，如对个别地质剖面、岩石露头、土壤剖面的详细素描。

以上三种取景各有优势和缺点，究竟选用哪一种，可依素描的任务、所在场合来决定。

此外，对于一些素描物体很大，该处距离短而视域小，不能概括该物体的，便不能画。

二是观察点与素描对象之间的角度。图 1-8-1 是从不同方位和角度对同一条长岗取景的效果。Ⅰ、Ⅱ的观察点正对素描对象，往往只看到一个正面。由于自然景象的消失线与视中线一致，因而画面缺乏纵深感和立体感。Ⅲ、Ⅳ采用在左右方向上偏离视中线一定角度的观察点，则能够观察到自然景象的两个面，因而有助于表现自然景象的立体感。

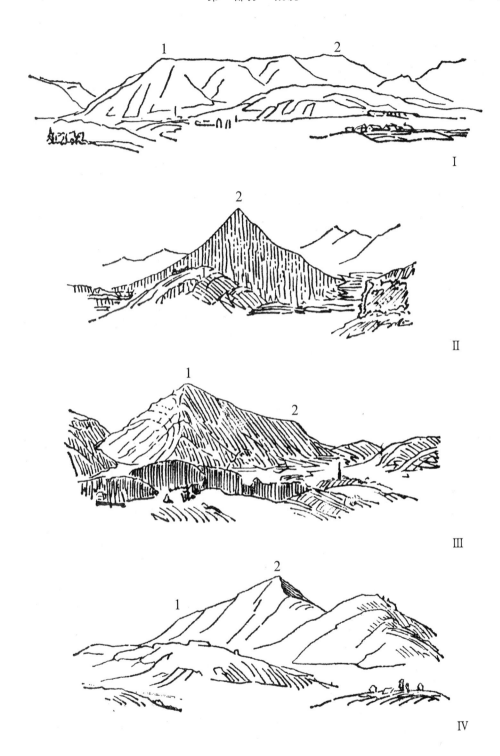

图 1-8-1　从不同方位和角度对同一条长岗取景的效果（茵荷夫）

Ⅰ 向正北平视　Ⅱ 向正西平视　Ⅲ 向东北仰视　Ⅳ 向西北仰视

　　图 1-8-2 从不同角度取张家口的景，反映了倾斜岩层和齐平的石质阶地、古堡、长城和熔岩层面的出露，但重点各有不同：Ⅰ 山口的正面（剖面的）；Ⅱ 石质阶地（中景的）；Ⅲ 石质阶地的另一面（中景的）；Ⅳ 玄武岩层面。

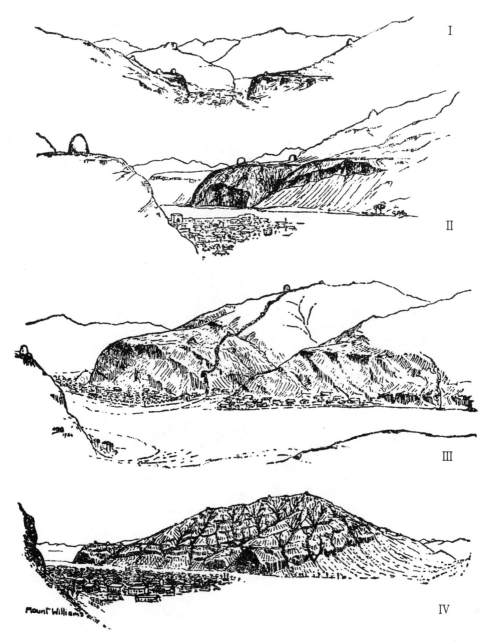

图 1-8-2　从不同角度取张家口的景（巴尔博）

三是观察点的高度变化对取景的影响。在野外站着素描时，视线大体是水平的。一般认为这是比较正常的，所绘的自然景象基本上接近人们视觉感受时所形成的那种概念，有人称之为平远法。如果像图1-8-3采用俯角观察时犹如从空中鸟瞰一样，视平线向上

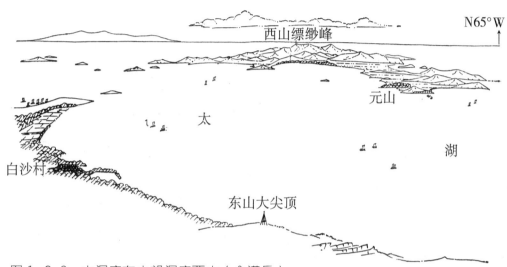

图1-8-3　由洞庭东山望洞庭西山（金谨乐）

抬升，画面显得辽阔，自然景象却缩小，立体形象也发生改变，称深远法。采用仰角时，由于视平线降低，画面受到限制，素描对象显得雄伟壮大，特别是在采取前景或特写的情况下，称高远法（图1-8-4、5）。

（二）构图

构图就是如何组织好画面。一幅自然景观素描能否做到多样统一，布局安排起着很大作用。任何一幅自然景观素描，就其内容，总有一个主题；就其形象，也都有一个主体。主体是素描中最突出、最明显的部分，在画面上应居于重要地位。但它不同于一般静物写生素描所强调的主体，位置不宜太偏，也不要恰居正中，而是要从自然界景物的实际情况出发，在构图时注意以下三点：

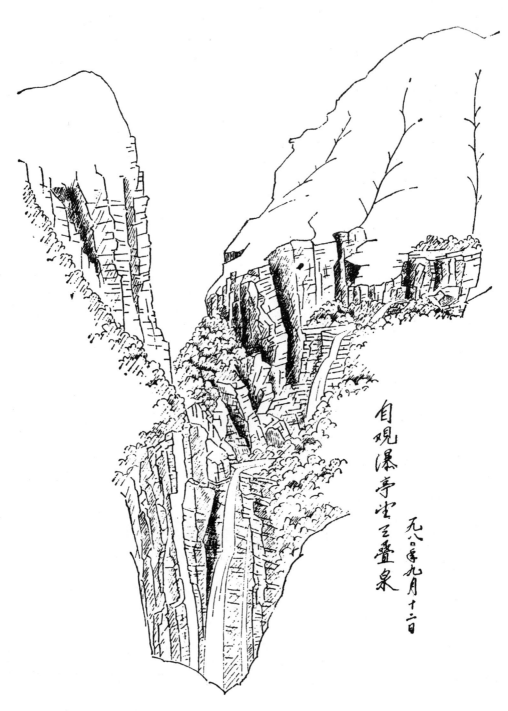

图 1-8-4　庐山三叠泉（金谨乐）

图 1-8-5　自福建武夷山接笋峰仙奕亭北望天游峰（金谨乐）

偏高

偏低

正好

图 1-8-6　视平线在画面的位置（金谨乐）

1. 视平线（又称地平线）在画面的位置　自然景观素描是以大自然为描绘对象的，在画面上需要一定的留白，才能很好地显示空间和深远感。这一点极为重要，因为把整个画面塞得满满的，就显得臃肿局促；如保留太多，又易产生单调、不紧凑的感觉。为避免这些毛病，视平线的选择一般不宜偏高，也不宜偏低，最好在距底部 1/3 处（图 1-8-6）。如果画雄伟高耸的形象，要把视平线降得低些；若表现辽阔高大的形象，则要把地平线升得高些。

2. 主体的位置　这个问题关系到画面的均衡性。主要对象的位置既要明显突出，又要显得安定，应画得适中，切不可过于偏在一旁，以致整个画面失去均衡。更要注意主体与其他次要景物关系的处理，不要形成喧宾夺主的局面。图 1-8-7 Ⅰ下面太挤，上面太空；Ⅱ上面太挤，下面太空，两者都不均衡；Ⅲ才是适当均衡的。构图不恰当，画面不均衡，看起来很不顺眼。

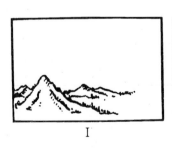

Ⅰ

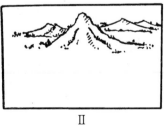

Ⅱ

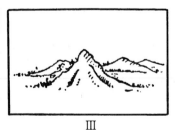

Ⅲ

图 1-8-7　立体位置在画面的均衡性（张彭熹）

3．几何图形的结构　自然景观的内容可通过不同形式的线条来反映，如圆形、曲线可产生动态和方向的感觉（如河流）；直线的重复或交叉可产生长短、大小和安定的感觉（如田块）。

（三）块面

从构图的角度看，块面是一种或若干种几何体的组合，这些几何形体图形概括、简单、立体感强、易于描绘，是勾绘素描略图常用的形式（图1-8-8）。

在素描中运用块面时，一要使块面形式尽可能与景物外表特征吻合。二要注意它们的大小、方向及位置与景物相一致。这就要在初步划分块面之后，反复与景物对比、修改，以求得一个比较理想的块面分割图形。三要注意线条、明暗对比和透视规律在块面中的具体应用，如一个向前方延伸很远的岩脉，可看作是若干个立方体的连续，应当将这些立方体画成近大远小，而不能等大排列。参考和掌握图1-8-9对了解各种几何图式的透视作图，正确运用块面进行分析或勾画略图是有帮助的。[7]

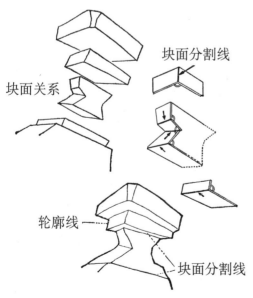
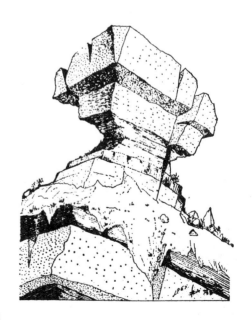
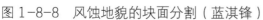

图1-8-8　风蚀地貌的块面分割（蓝淇锋）

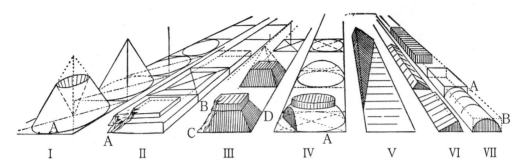

图 1-8-9   几种几何体的透视作图（罗柏克）

Ⅰ 圆锥体   用于表示火山尖峰   Ⅱ 迭置方柱体   用于表示高原和方山   Ⅲ 截方锥状顶上迭置方柱体   用于表示高原和方山   Ⅳ 球体的切割   用于表示侵蚀或断裂陷落   Ⅴ 平卧的长三角锥体   用于表示尖形山脊或山岭的分支   Ⅵ 平卧的三角柱体   表示同5   Ⅶ 长方体或半圆柱体   分别表示平顶山岭和圆顶山岭

（四）重点与取舍

自然景观素描贵在忠实于自然，但把它描绘得真实些并不等于平均对待，有一点画一点。在勾绘素描略图时应根据素描的主题和需要，从整体出发，进行分析、取舍、概括，抓住素描对象重点，突出地描绘它。至于无关紧要的琐碎细节，则可适当删除。[7] 例如，图 1-8-10 展示的是广西桂林岩溶区的景色，画面上有很多房屋、树木和峰林，要把它们一一收入素描是不可能的。因此，凡是

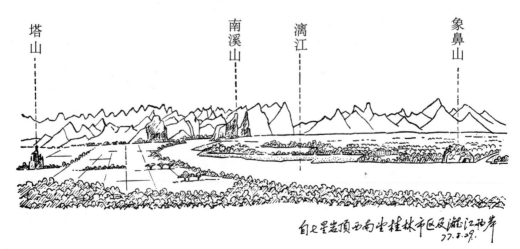

图 1-8-10   自七星岩顶西南望桂林市区及漓江两岸（金谨乐）

主要的、距离近的或能说明问题的山峰、房屋、树木可择要描绘，主要突出峰林的特征；次要的或稍远看不清的景物则可少画或不画。这样既概括特征，又增加画意。

由于自然界是一个十分复杂的综合体，要把主体从千百个形象中区别出来，就有夸大的必要，否则画面上任何景物都一样看待就不能帮助读者认识和分析事物的本质。大家知道，长江三峡河段宽窄河谷相间，有许多险要的峡谷，如果素描其中某个峡谷，则应将其表现得特别险峻高大，其余的只需轻描淡写。若素描其中某段宽谷，则要着力表现其谷宽坡缓，其余的作个陪衬就行。否则必然降低主体的形象，妨碍主体的表达。当然，重点夸大必须围绕揭示主题的本质这个任务，不然就是无的放矢，得不到应有效果。

在野外素描过程中，无论是确定重点勾画略图，还是作深入的细节描绘，都会遇到突出重点的问题，前者偏重于进行图形概括，后者则强调对细部的突出描写、仔细刻画。对景物深入细致的描绘首先应使重点轮廓线明确、肯定；其次加强它的明暗对比，亮处更亮、暗处更暗；再次，重点部分要刻画得细致一些、实在一些，其他部分可以模糊一些、含蓄一些。

九、素描学习中常犯的错误及纠正办法

素描首先是一种观察能力的体现，也是视角能力与感悟力的综合体现。自然景观素描的画面是由地形、水、植物等要素组合成的。从技法角度看则是点、线、面、体的表达，也是对取景、构图、图形概括是否合理、协调的检验。初学者由于未能吃透绘画的理论知识和技能，不能理解素描对象的地理本质，出现这样那样的毛病是在所难免的。重要的是要学会在欣赏自己作品时看得出错在哪里，知道为什么

出错，然后耐心进行收拾、补救或重画。

（一）常见错误及纠正

1. 景物形体画得"歪"

每一组景物都有自己的位置和重心。如果不确定范围，看见后马上就开始画，会造成主要景物不是画得太小就是画得太大，在图上只能放下它的一角（图1-7-2），使画面变"歪"。画素描时，一定要从大处着眼，从整体出发，先勾勒出全图近似该物体的几何形状，再依次先画近处景物，后画远处景物。

2. 画面不均衡

由于构图不当，造成素描画面上面太空，下面太挤（图1-8-7Ⅰ）或上面太挤，下面太空（图1-8-7Ⅱ）。在确定素描范围时，应当考虑到画面的均衡性及物体在画面上的位置，保证主要素描对象位置画在适中。

3. 轮廓线生硬、呆板

景物形体轮廓线画成像铁丝似的硬线条，或几何状的折线，很不自然，既损害画面，又不易修改。应先用软铅笔画出轻微的线条，检验画正确后再描绘清楚。描绘时要注意按物体的结构运笔，并透过线条的粗细强弱、虚虚实实的变化来表现景物形态的千变万化，才显得生动活泼。

4. 画面太"灰"

景物该亮的部位不亮，该暗的部位不暗。应该边画边调整，加重明暗交界线，加强亮部与暗部的明暗对比。

5. 画面本末倒置

图1-9-1单纯追求形式上的美观，把小桥和房屋画成主要部分，而使白垩纪地层侵蚀面这个重要地质现象在图中属于次要地位。应加强对自然景观素描目的和意义的了解，集中表现实质问题。

图 1-9-1　因本末倒置而未能突出白垩纪地层侵蚀面特征（张彭熹）

图 1-9-2　因增加作画背光部分线条而曲解地层现象（张彭熹）

6．画面曲解真实情况

为追求山体主体的美感，随意增加背光部分的阴影线，使地层倾向为北东东的地质现象被曲解为南西西，这样的加工正与地质现象相反（图 1-9-2）。因此，在素描时一定要吃透所画景物的地质意义，不可画蛇添足。

7．画面"平、板、无趣"

作画时忽视整体观察、整体表现，造成画面凌乱，主题不突出。在素描时应严格按照整体和主次要求进行概括和把握。作为画面中心的主体部分，描绘要详细到位，陪衬物刻画要简约，与主体景物有所区别，才能突出主题，主次分明。

（二）自然景观素描绘画口诀

实践表明，要正确描绘自然景观素描，必须记住"32 字"诀：

形象准确，描绘迅速。

重点突出，用笔简练。

色彩鲜明，比例合适。

大小适度，位置适当。

值得指出的是，要学会和画好自然景观素描，仅仅靠书本上的知识是不够的，更主要的是勇于实践。只要勤奋和有恒心地画下去，就会不断提高。功夫不负有心人，自然景观素描并不难学。

第二部分　画法

　　这一部分着重谈地貌、地质、气候、陆地水、植物、动物和土壤等要素的画法。画法就是知道自然地理学和透视原理，各种线条和表现形式的技巧之后，用它们去画素描。但要掌握不同的景观要素各是怎么画的，要点是什么？

■ 一、我国自然景观的基本特征

我们要亲近大自然，描绘大自然，首先对我们祖国美丽的家园要有所了解和认识，才能从需要出发，有目的有重点地去进行素描。因此，在介绍各种素描对象形体的表现方法之前，有必要概要地讲一下全国性及区域性的自然环境特点。

（一）自然条件的特点

我们伟大的祖国，山河壮丽，有气势磅礴的大高原，绵延不绝的崇山峻岭，群山环抱的大盆地，又有一望无际的大平原。在各种地貌类型中，山地占全国陆地总面积的2/3以上（图2-1-1）。我国地势总的特点是，西高东低，逐级下降，形成三个巨大阶梯（图2-1-2）。[14]

受冬夏季风的影响，与同纬度其他地方比较，冬季特冷，南北温差特大；夏季特热，南北温差较小；四季分明，雨热同季是我国气候

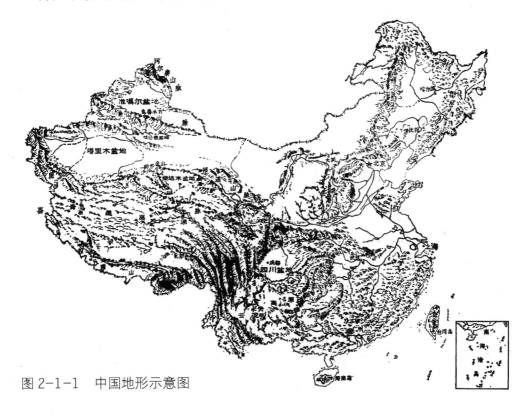

图2-1-1 中国地形示意图

的显著特色。

降水是水资源的重要组成部分。降水量多少对农、牧业尤为重要。我国降水量由东南向西北逐渐减少，夏湿冬干。在地区分布上明显地分为东南部湿润和西北部干旱两大部分，前者为农业区，后者为半农半牧和牧区，反映水资源的不均衡。

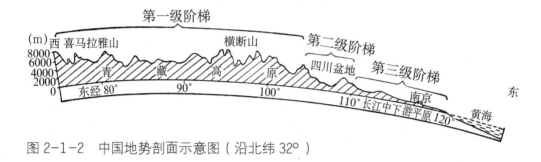

图 2-1-2　中国地势剖面示意图（沿北纬 32°）

我国有丰富多彩的生物资源，维管束植物有 353 科，占世界科数的 56.9%。陆生脊椎动物有 156 科，占世界科数 40%。[20] 我国生物资源的丰富和多样性，是其他国家难以相比的。[14]

我国有多种多样的土壤，而且具有我国特色，如水耕人为土（水稻土）、富铁土（红壤、赤红壤）、干旱土（灰棕漠土、棕漠土）和青藏高原的高山土壤，都是在我国特殊条件下发育的土壤类型。

（二）五大特殊的自然景观

青藏高原　位于我国西南部，大致介于喜马拉雅山和昆仑山之间，是世界上海拔最高、最年轻的大高原。它的南侧、北侧和东侧分别以数千米高差跌落在附近的大平原和大盆地。高原内部有一系列近东西走向山脉，山地上部白雪皑皑，山脉之间相嵌以宽谷、盆地和湖泊，呈现一派"远看为山，近看成川"莽莽苍苍的壮丽景象。这一独特地区并非一般人想象中的"雪域荒原"。相反，由于地势自西北向东南倾斜，地形与海拔的变化，自然条件的区域分异十分复杂，由东南向西北依次呈现喜马拉雅山南翼的亚热带（有些地方是热带）森林、高原温带湿润半湿润森林、高原温带亚寒带半干旱草原、高原亚寒带寒带干旱荒漠的差异。

黄土高原　介于长城以南，秦岭、伏牛山以北，祁连山东端乌鞘岭以东，太行山以西，是从 60 万年前开始，陆续从西北干旱地区由风力吹扬搬运堆积形成的。除石质山地外，地面为深厚的黄土覆盖，最厚的地方可达 200m 左右，一般为数十米，海拔 1000m ~ 2000m，为世界上最大的黄土分布区。它大致由三部分组成，最高的是石质山地、如吕梁山、子午岭、六盘山等，位置居中的是黄土塬、黄土梁和黄土峁，最低的是断陷谷地，如渭河谷地、汾河谷地。

岩溶高原（喀斯特）[*]　是碳酸盐类岩（如石灰岩、白云岩等）经过流水长期溶蚀作用，形成独特的峰林盆地与美丽多姿的溶洞、暗河，"桂林山水"就是岩溶的典型景观。我国可溶性岩石面积达 200 万 km^2，其中有 13 万 km^2 直接裸露于地表，约占全国陆地总面积 1/7。[20] 在全国各省、区均有分布，但以云贵高原东部及广西为最集中。

沙漠与戈壁　是干旱气候的产物。我国西北地区的干旱气候早在地质时期的白垩纪至早第三纪即已初步形成，晚更新世至全新世初期青藏高原大幅度隆起后，加速了干旱，因而从内蒙古西缘到新疆，发育了规模不等的沙漠与戈壁。前者分布在河流下游开阔的平地，而在山麓平原往往是布满砾石的戈壁滩。沙漠与戈壁并非完全由荒凉的流沙和石砾所占据，还有被灌木和草类所固定的沙丘，在河畔和有地下水、泉水出露的地方还可能出现树林。水草丰美处自然成为牧场或开垦为"绿洲"。石油的开采及旅游业的开发，也打破了沙荒地的寂静。

湿地　我国有天然湿地（包括沼泽、湖沼、潮间带滩涂、浅海水域的湿地）约 25.94 万 km^2，人工湿地（包括水稻田、水库水面）约 40

---

[*] 喀斯特是南斯拉夫石灰岩高原的地名，19 世纪末借用"喀斯特"一词作为石灰岩地区一系列溶蚀作用过程和现象的总称，1966 年我国将其改为"岩溶"。

万 km²，是世界上湿地面积最大的国家之一。湿地中约有植物 101 科，其中维管束植物 94 科，栖息的鸟类种类繁多，在亚洲 57 种濒危鸟类中，我国湿地内就有 31 种。[20] 我国三大自然区都有湿地分布，且各具特色。东部季风区，湿地占全国 70% 以上，在热带主要是芦苇沼泽、滨海红树林沼泽，亚热带和暖温带为小片苔藓沼泽、芦苇沼泽、滨海草本盐生沼泽，中温带和寒温带为草本苔藓沼泽、泥炭沼泽、盐碱沼泽，人工湿地主要是水稻田。西北干旱区，湿地类型属于芦苇沼泽、苔藓沼泽。青藏高原地区，以西藏嵩草沼泽、木里苔草沼泽为特色。

二、地貌形态的素描

在自然环境各要素中，地貌是最重要、最突出、最明显的要素之一。地表起伏的形态是由内营力和外营力相互影响和相互制约长期发展的结果。一般内营力形成大的地貌类型，并控制着地表面的基本轮廓（图 2-2-1）。外营力则塑造地貌的细节，并力图使地表展缓夷平（图 2-2-2）。按地貌的形态，可分为高山、高原、中山、低山、丘陵、平原和海等地貌类型（图 2-2-3）。地貌的高低起伏与走向在一定程度上决定着热量、水分的再分配和水系的形态，制约着植物和土壤的分布和利用，对居民点、交通建设和国防建设也都有较大的影响。[8] 我们在野外接触到的景物无一不与地貌有关，可以说地貌是自然景观最基本的轮廓。如果地貌能够反映实际情况，这幅素描基本上就是成功的。因此，精心描绘各种地貌类型和特征，就成为自然景观素描的主要任务之一。

地貌形态与它的地质构造、岩性和岩层产状等方面有一定关系，并往往受到它们的制约。因此，素描时要注意在线条运用上突出表现它们之间相互联系与相互制约的关系。

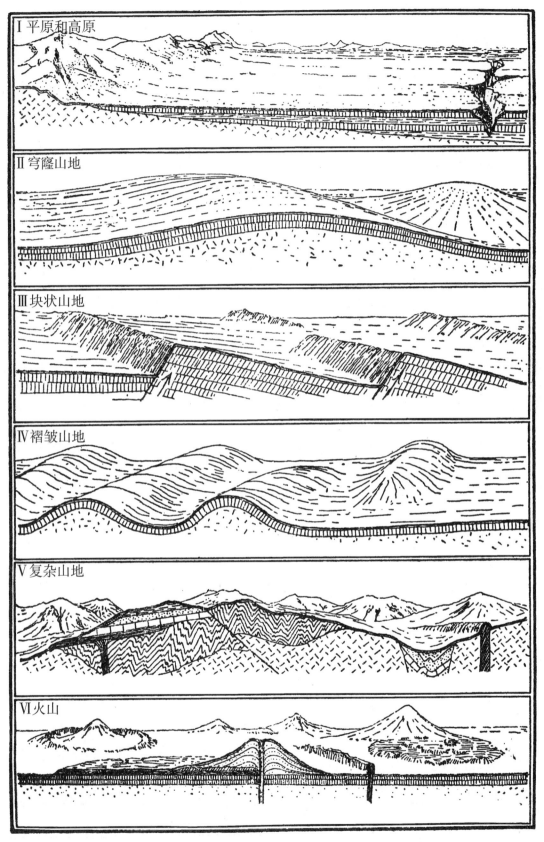

图 2-2-1　内营力形成主要山地示意图（罗柏克）

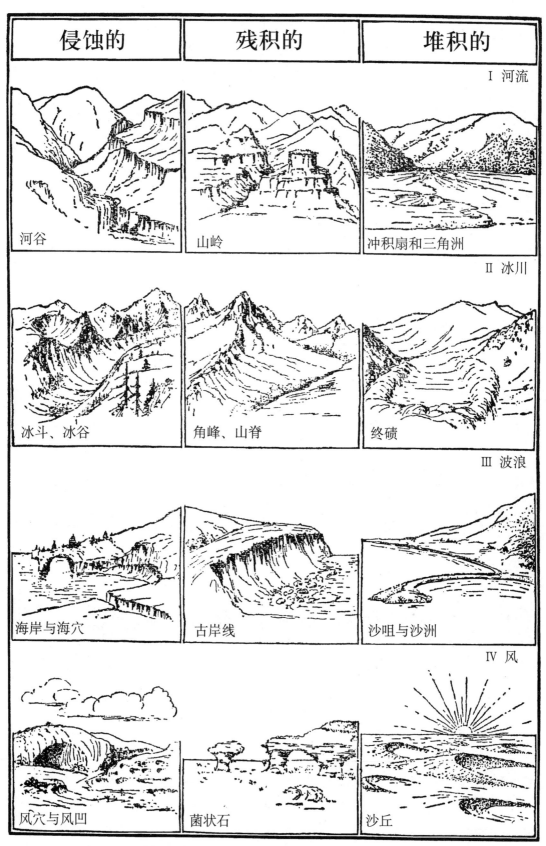

侵蚀的	残积的	堆积的

Ⅰ 河流

河谷　　　山岭　　　冲积扇和三角洲

Ⅱ 冰川

冰斗、冰谷　　　角峰、山脊　　　终碛

Ⅲ 波浪

海岸与海穴　　　古岸线　　　沙咀与沙洲

Ⅳ 风

风穴与风凹　　　菌状石　　　沙丘

图 2-2-2　外营力形成主要地貌示意图（罗柏克）

图 2-2-3　地形划分示意图（金京模）

Ⅰ 高山　Ⅱ 高原　Ⅲ 中山　Ⅳ 低山　Ⅴ 丘陵、平原　Ⅵ 海

（一）山地

山地是指高度较大、坡度较陡的高地，多为地壳上升地区经河流切割而成。自上而下分为山顶（或山脊）、山坡和山麓三部分。山顶是山的最高部分，有平顶、圆顶和尖顶。山坡是山顶至山麓的斜坡，有直形坡、凹形坡、凸形坡、阶梯状坡和冲沟。山麓是山的最下部，下接平原或谷地，有明显的转折。山按高度分为高山、中山和低山；按

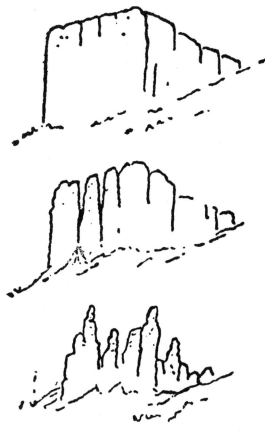

图 2-2-4　山体风化的三个阶段

成因分为构造山、侵蚀山和堆积山。它以明显的山顶和山坡区别于高原，又以较大的高度区别于丘陵。习惯上一般把山和丘陵通称为山或山地。[8] 下面从四个方面以具体的实例来说明山地各个部分怎样画。

1. 山石

山石是山体岩层崩解而成的，是地貌的组成部分（图 2-2-4）。自然景观素描与我国传统的山水画一样，山石常常是画中的主体。有些画家认为"一理通百理"，会画石，举一反三，融会贯通，画山的道理也明白了。[1、19、23] 要做到融会贯通，就必须多读多看优秀的绘画书和画展，只有知识面广了，文化素质提高了，才能提高自己对知识的融会贯通能力。画石最要紧的是勾出石的外轮廓线条，然后用晕纹线表现石的向背、明暗和质地，体现出"石分三面"（正面、侧面、顶面）的立体感（图 2-2-5）。[19]

在自然界中，石块大都是满地散落的一堆堆乱石头，但在画面上切不可杂乱无章。要通过必要的取舍，概括特征，突出重点，赋予它画意和美感。图 2-2-6 是由冰冻风化作用造成的花岗岩石块的素描，注意画面上大石与小石相间不雷同，使人感到石头变化多。图 1-5-10 与 1-6-10 分别是海岸的素描及庐山重叠石的素描，画

图 2-2-5　"石分三面"的立体感（李渔）

图 2-2-6　由冰冻风化作用所造成的花岗岩石块（包洛文金）

面上表示了白石与黑石相间分前后，层次分明，立体感好，增加了趣味。

　　除了考虑山石的表现形式外，还必须注意到坡地与山形互相转化的问题。图 2-2-7 是沉积岩所形成山地的素描，注意山体经侵蚀后下半部变成坡地，而上半部仍呈山峦之状；图 2-2-8 山坡左端崩塌解体后，又表现出山峦的外貌。由此可见，先从画石入手，会熟练地画石，描绘山就不难了。

图 2-2-7　山体侵蚀后下半部变成坡地（高岛北海）

图 2-2-8　左端坡地崩解后呈山峦状（高岛北海）

2. 冲沟

冲沟是一种较大的、有间歇性水流活动的条形凹地，由切沟发展而来，是沟谷中的主要类型，标志着地区性强烈侵蚀阶段。[8] 画冲沟要根据其所在山体的岩石性质及地形部位，恰当地运用晕纹线来表示。如在花岗岩、砂岩及页岩组成的山，画法是依冲沟方向画一两条曲线，或画成树枝状，画时应注意，冲沟的下面要宽，上面要窄，因此，画树枝状线应下面大而上面小，同时应由下往上画（图2-2-9）；在硅质灰岩、辉绿岩等致密岩石组成的山，需用两种或两种以上方向相交的直线来描绘，画时也应注意线条的方向（图2-2-10）。

如果上述两种不同岩性山的冲沟切割密度较大时，相应的晕纹线要画得密集一点（图2-2-11）。至于冲沟的顶部、支沟与沟口的素

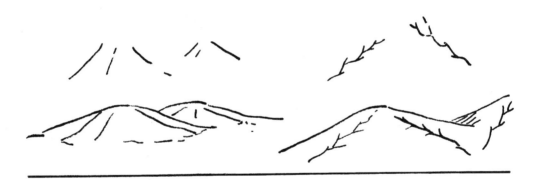

图2-2-9　画树枝状线应下面大而上面小

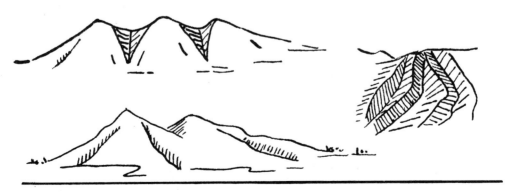

图2-2-10　画两种相交直线应注意线条方向

描，在运用两种方向相交的直线时，还要针对所表现的地形部位特征，注意多种线条的配合（图 2-2-12）。

图 2-2-11　切割密度较大山坡的表现方法（包洛文金）

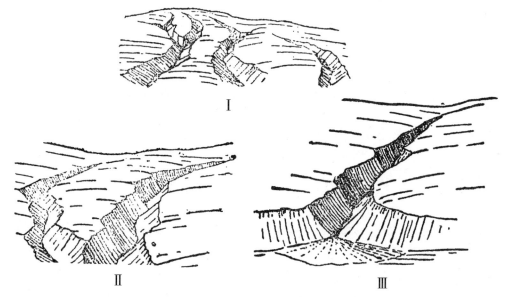

图 2-2-12　冲沟顶部、分支和沟口的表现方法（包洛文金）
Ⅰ沟谷的顶部　Ⅱ沟谷的分支　Ⅲ沟谷和谷口的冲积扇

3. 山脊

山脊是山岭呈线状或条形脊状延伸的最高部分。一般分为平的（如方山）、圆的（如穹形山、剥蚀山）、尖的三种，以尖山峰最普遍，其特征与岩性、构造有关。如石英岩、石英砂岩的山脊，岩性坚硬，多呈尖锐的脊形；片岩、板岩的山脊，片理、层理明显，多呈梳状；一些花岗岩山脊，岩性坚硬，垂直节理发育，多为险峻山峰。在沉积岩地区，山脊的分布规律与构造线大致相符。在岩浆岩地区，山脊较凌乱、破碎，常构成河流的分水岭。[7] 山脊的画法有如下几种：

（1）可利用一条简单的曲线勾出山脊的位置。这种方法适于画远景（图2-2-13 Ⅰ）。

（2）用两组或两组以上的线，先按照山脊的位置勾出曲线，然后再分析受光与背光部分。受光处少画线条，背光处多画线条（图2-2-13 Ⅱ）。

（3）只画其他背光部分的阴影线，而衬出山脊，山脊本身则成无线条的空白（图2-2-13 Ⅲ）。

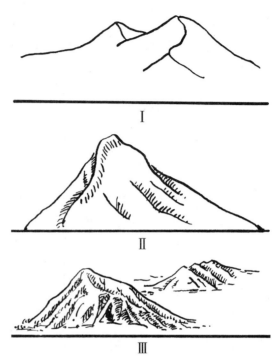

图2-2-13　一般常用的山脊表示方法

（4）利用两组相交直线来表示，但应注意在向阳的地方线条少，背阴的地方线条多。由于素描图里既有山脊又有山谷冲沟，虽用同样线条表示，但以它们的方向不同而显示出不同的形态（图2-2-14），因此，在画山的时候应特别注意线条的方向。

图2-2-14　山脊与山谷、冲沟虽用同样线条表示，但它们的方向是不同的

4．山的外形

山的外形形态各异。素描时最重要的是要符合地质构造、岩性和岩层产状的要求。山的外形影响因素和表现形式可归纳为如下几种：

（1）构造所成的山

在水平岩层构造区 由于岩层倾角小于 5°左右，顶部又为坚硬岩层覆盖，经流水的侵蚀切割，形成山顶平展、山坡陡峻的方形山体，又称"平顶山"、"桌状山"。如四川嘉陵江沿岸的方山（图 2-2-15）。素描时，要反映其顶部与山坡的差异及软硬岩层的变化。

在单斜构造区 岩层倾角较大，软硬相间，受侵蚀切割后，岩性较软弱的山坡沟谷较多，岩性较坚硬的不易侵蚀，沟谷较少，两坡明显不对称，称猪背岭或单面山，如南京紫金山（图 2-2-16），北坡出露岩层为紫色三迭系黄马青组砂页岩，南坡为侏罗系象山群，两者之间系假整合。象山群底部的石英砾岩和石英砂岩比较坚硬，较之上下地层都不易受侵蚀，而形成悬崖峭壁。

在褶曲（又称褶皱）构造区 层状岩层受地球内力作用发生弯曲，向上凸曲的背斜部分，在形成之初是地形上的高地，未经受明显的侵蚀破坏，形成背斜山，其山脊位置和背斜轴相当，两坡岩层向外倾斜，而褶曲凹下去的向斜轴部发育成河谷，形成向斜谷（图 2-2-17）。河谷宽度决定于褶曲开合程度，谷壁坡度决定于褶曲两翼地层的倾角和岩层的性质。素描时要运用线条的曲直变化来表现它们顺构造又顺地形的特点。这种地形在四川盆地东部很普遍。

在喷出的岩浆岩构造区 由于喷出方式不同，所形成的地貌也不一样，通常裂隙喷发或溢出的，多形成桌状山、熔岩台地，它们被切割后成孤立的方山地貌（图 2-2-18）；中心喷发式的，喷出物堆积地表成为锥状火山，往往成复式火山分布（图 2-2-19），有的还保留着喷火口或积水成火口湖（图 2-2-20），还有的由于熔岩急剧冷却，形

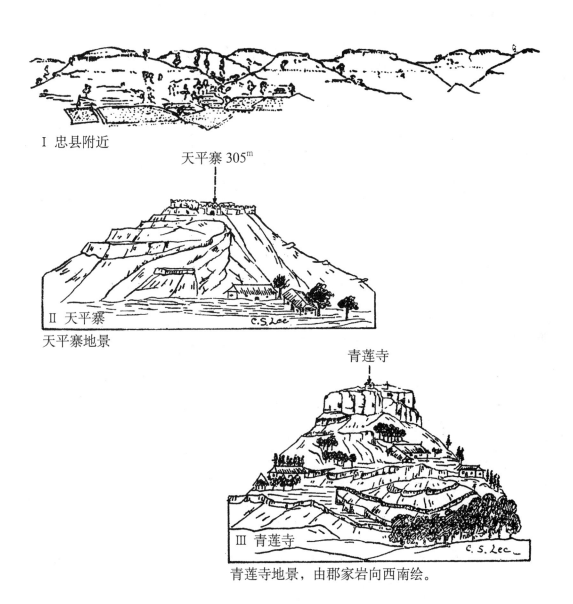

Ⅰ 忠县附近

天平寨 305ᵐ

Ⅱ 天平寨

天平寨地景

青莲寺

Ⅲ 青莲寺

青莲寺地景，由郡家岩向西南绘。

轿子山　龙籽山 斗碗寨　　雨台山　山背后　渠河
大田坝

Ⅳ 斗碗寨

斗碗寨附近方山地景，由天平寨天保门下之山坡上向东北绘。

图 2-2-15　四川嘉陵江沿岸的方山（巴尔博）

图 2-2-16　南京紫金山（陈述彭）

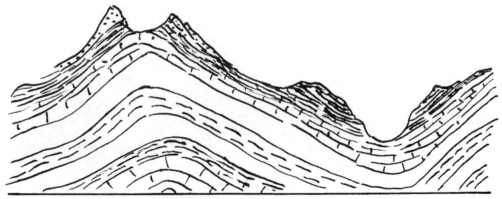

图 2-2-17　背斜成山，向斜成谷

图 2-2-18　南京方山

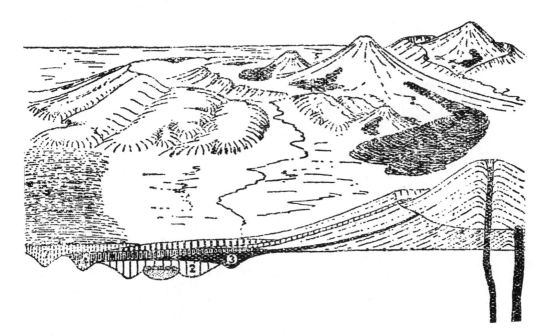

图 2-2-19　锥形火山和溢流的玄武岩（戴维斯）

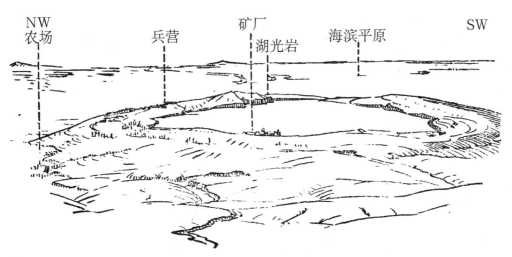

图 2-2-20　广东湛江西南的湖光岩火口湖（陈述彭）

成六角形柱状体，称为石柱林（图2-2-21）。素描时要突出火山锥的形态及其结构。

（2）不同岩性形成的山

山的形态受岩性的影响十分深刻。如黄山、华山等山地的花岗岩，常沿岩体垂直裂隙形成陡崖峭壁（图2-2-22）；广西、云南、贵州境内南亚热带的石灰岩多形成奇峰孤山（图2-2-23）；湖北、湖南、四川地层倾斜的泥质页岩山地多形成陡峭山峰（图2-2-24）；广东、江

2005.05.10.

图2-2-21　南京六合桂子山石柱林

图2-2-22　花岗岩山峰的陡崖峭壁

图 2-2-23　致密的石灰岩形成的奇峰孤山

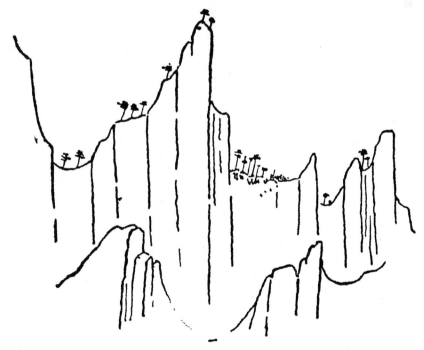

图 2-2-24　地层倾斜的泥质页岩所形成的陡峭山峰

西等地红砂岩多形成丹霞地形（图 2-2-25），素描时应采用较硬直的线条来表示，而疏松的黄土形成的丘陵岗地和沟谷（图 2-2-26）或砂页岩形成的低缓丘陵谷地则用较柔软的线条和点线表示。

图 2-2-25 福建武夷山的丹霞地形

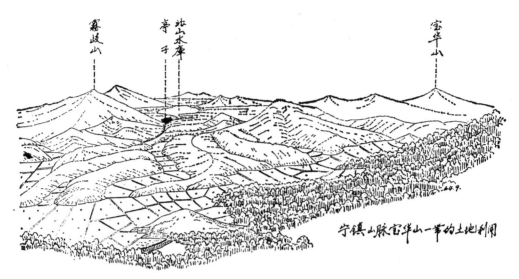

图 2-2-26　宝华山一带的黄土丘陵（金谨乐）

（3）距离远近不同的山

一幅自然景观素描，往往有好几层"景"，这是由于距离不等、空气透明度不同和人的视力不一等原因，看起来近的清楚，远的模糊。实际上这些轮廓线是景物空间位置的表现，含有远景透视的因素。远、近山的轮廓素描，可有各种不同的表达形式，[22] 这从下面例图可以看出来。

图 2-2-27 是条形脊状延伸的远山轮廓素描，山岭外形的轮廓线粗细相等，从画面上，可以了解这山岭很高大，距我们很远，看不到它的细节。因此，画远山强调山的外形，不能有太多的皴擦，否则视觉效果不好。图 2-2-28 是描绘渐向远方消失的一群丘陵地。轮廓线与图 2-2-27 相似，是等粗的线条。我们在画面上可猜出有些丘陵较近，另一些丘陵较远，但在画面上显然看不

图 2-2-27　条形脊状延伸的远山轮廓素描

见，也感受不到这种情形，这是由于线条单调，没有显示出远、近层次的缘故。

图 2-2-29 描绘的是跟图 2-2-28 同样的一群丘陵地，也用同样的轮廓画出来，但近处的丘陵用较粗的线条，远处的用较细的线条，最远的地方用虚线，因而画面较生动，可以看出一些丘陵较近，另一些丘陵较远。

图 2-2-30 是长城的素描。山岭轮廓的线条，自近而远有规

图 2-2-28　丘陵的轮廓素描

图 2-2-29　跟上图相同的轮廓素描，但近处丘陵用粗线画出

图 2-2-30　长城的素描（蓝淇锋）

律地变化。画近处的线条要明朗，轮廓线粗一些，实在些；大约
1km～10km 距离的山岭，线条要少一些，简单些；10km 以外的远
处，线条则要细、稀、少一些，墨迹浅一点，甚至可用墨线或点线来
代替实线。因而画面看起来层次分明，体现了山岭的空间感。

（4）不同表面性质的山

图 2-2-31 是河谷的素描，用同样粗细的线条画出轮廓，但用不
同的线条形式来表现对象的不同性质，如用较平直的线条表示河岸和
远处高地，在某些地方则用虚线。用锯齿线描绘森林覆盖的山坡。通
过线条的微小变化，表达出岸线、生长森林的山坡、远处的高地等的
不同性质。

图 2-2-32 描绘的是跟图 2-2-31 同样的河谷，也用同样的轮
廓画出来，但把粗细不同的线条和形式不同的线条混用，近处对象
的轮廓线是用较粗的线，与远处较细的线对比鲜明，因而使画面更
富于表情。

图 2-2-33 是湖滨山地的素描，运用不同的晕纹线不仅能表现素
描对象的明暗面，而且能表现它的形状和表面性质。如湖滨的陡坡用

图 2-2-31　用同样粗细线条画河谷的轮廓，但用不同线条形式表现对象的不同性质

一些直线晕纹表现；起伏的山坡用波状线表现出坡度来；湖面用疏密
不同的虚线表示水面由近至远的变化，给人以湖面开阔旷远的感觉。

图 2-2-32　跟上图相同的轮廓素描，但近处对象的轮廓线是较粗的

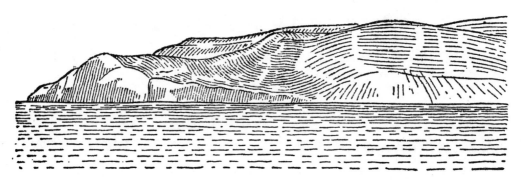

图 2-2-33　表现各种表面的晕纹：陡坡、波状地、平坦地和水面（包洛文金）

（二）河流

河流是指水流所流经的长条形凹地，包括谷坡和谷底两部分。
谷坡是河流两侧的斜坡。谷底通常可分河床和河漫滩。有时谷坡有
超出洪水期水面的展平地面或阶梯状地面，称之为阶地。[8] 在野外，
地学工作者与河流和阶地打交道的机会是很多的，特别是对研究第
四纪地质和地貌的人来讲，掌握河流阶地的素描是不可缺少的。

1. 阶地

描绘阶地时，应找一个较好的素描位置，因为阶地面一般较宽阔，

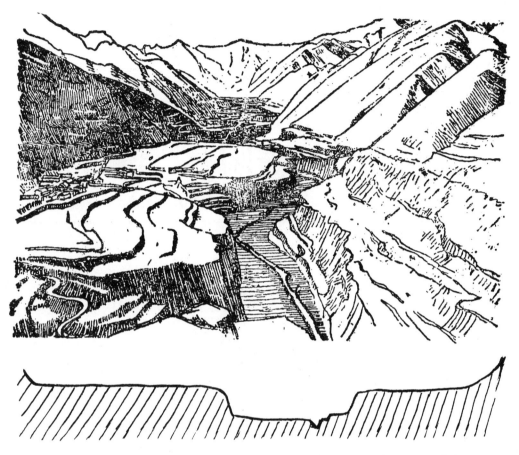

图 2-2-34　北京西山地区板桥沟中的马兰阶地与横断面（北京大学地质地理系）

最好找一个较高的地形位置来素描，这样视平线较高，河流阶地处在视平线以下区域内，能反映河床近处宽远处窄，最终消失在视平线上（图 2-2-34）。

画阶地线条时，在垂直河流方向上用竖线，平行于河流方向的则用横线，同时要考虑到透视原理的要求，注意到阶地由近至远 A>B>C（图 2-2-35）。

画河曲时，应注意各个地方的弯度，同弯度的河曲，由于透视的关系，愈接近视平线的弯度愈大，距视平线愈远的弯度则愈小（图 2-2-36）。

图 2-2-35　描绘阶地的方法

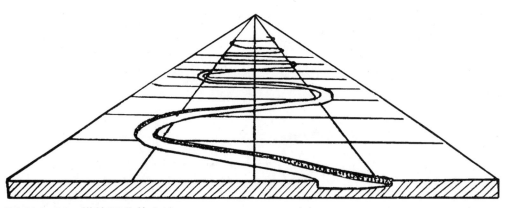

图 2-2-36　描绘河曲的方法

　　具体描绘阶地时，应注意明显的轮廓和简练的用笔。图 2-2-37 是长江上游沿岸阶地的实例：Ⅰ 支流岷江灌县附近 40m 与 80m 的阶地；Ⅱ 蔺市附近 20m 的阶地；Ⅲ 万县附近的阶地和石质平台；Ⅳ 宜昌附近 7、25、75m 的阶地。

　　图 2-2-38 是长江中下游沿岸阶地的实例：Ⅱ 城陵矶附近 40m 的阶地；Ⅱ 汉口下游的石质阶地；Ⅲ 南京燕子矶附近笆斗山阶地、上覆黄土。

　　图 2-2-39 是新疆南部内陆河流阶地的实例：Ⅰ 巧克塔克；Ⅱ 乌恰北山支流交汇处；Ⅲ 哈浪沟口外；Ⅳ 康苏附近。

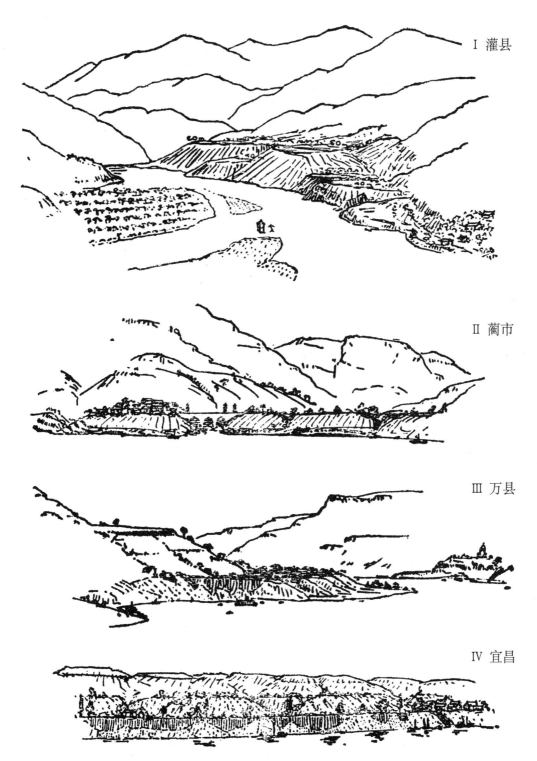

Ⅰ 灌县

Ⅱ 蔺市

Ⅲ 万县

Ⅳ 宜昌

图 2-2-37 长江上游沿岸阶地（巴尔博）

Ⅰ 城陵矶

Ⅱ 汉口下游

北   南

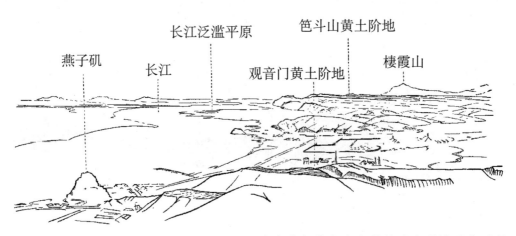

Ⅲ 南京北郊幕阜山东北笆斗山砒地及燕子矶

图 2-2-38 长江中下游沿岸阶地（Ⅰ、Ⅱ 巴尔博 Ⅲ 陈述彭）

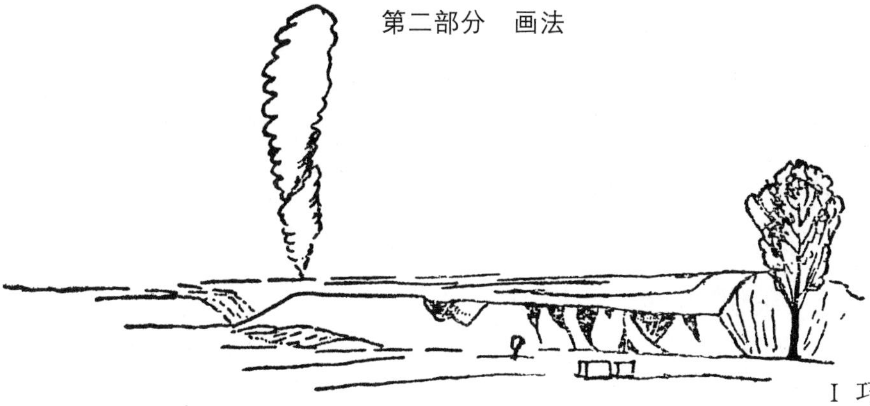

I 巧克塔克

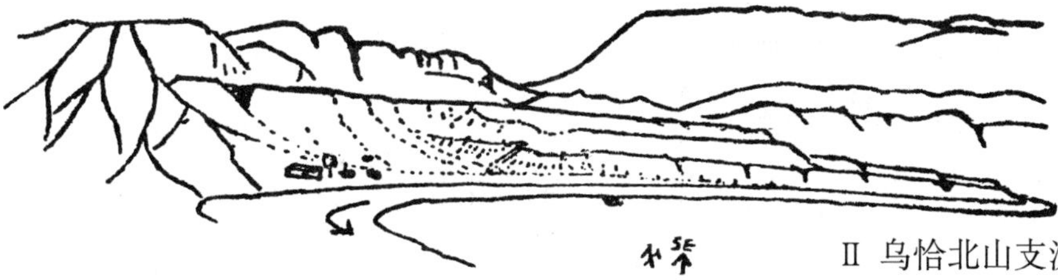

II 乌恰北山支流交汇处

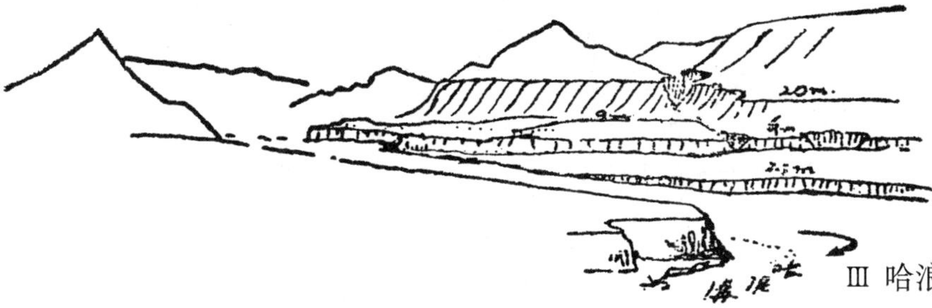

III 哈浪沟口外

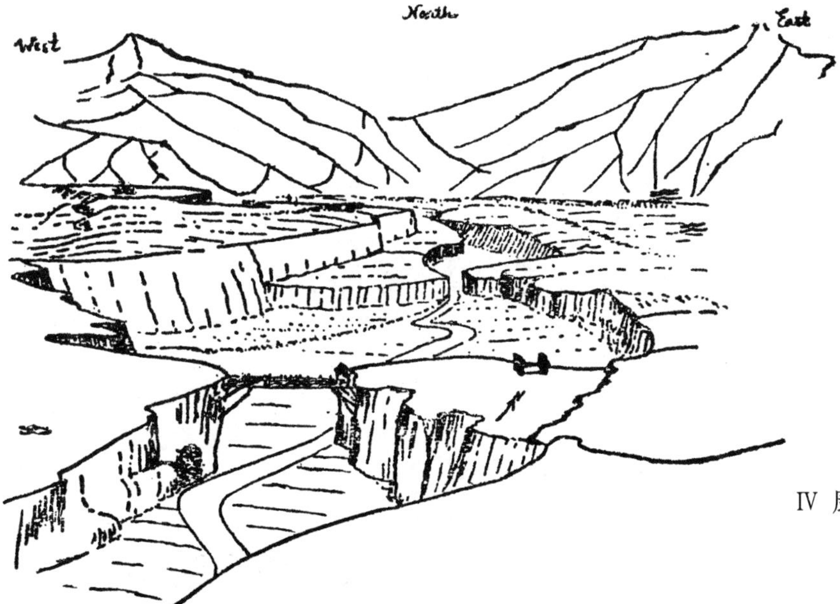

IV 康苏附近

图 2-2-39　新疆南部内陆河流的阶地（丁骕）

2．河谷

画河谷所涉及的范围比画阶地广一些，除了河床、河漫滩、阶地外，还包括该河床两侧的山形，把这几部分组合起来，就可以画出河谷。但有一个前提条件，我们所在的位置只有正对着河谷时，才能画出谷的两侧（图2-2-34），否则只能看到谷的一侧。同时要注意画有源之水，有去路的水，体现水从远处流来。

画河谷之前，要了解河谷的性质和组成谷坡的岩石，这样就可大体确定河谷的轮廓，便于进行素描。

图2-2-40是不同河段河谷形态的素描。其中Ⅰ是山区的幼年谷，

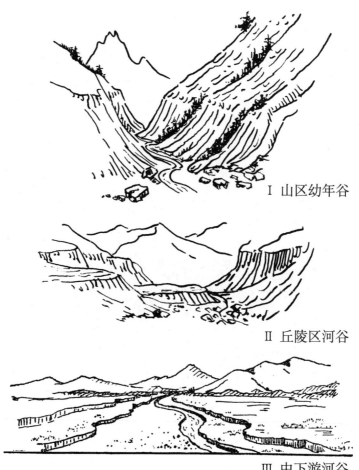

Ⅰ 山区幼年谷

Ⅱ 丘陵区河谷

Ⅲ 中下游河谷

图2-2-40　不同河段河谷形态

图 2-2-41　瞿塘峡（蓝淇锋）
为三峡之首，长约 8km，两岸山峰由石灰岩组成，长江下切成峡谷。

图 2-2-42
巫峡神女峰
巫峡西起大宁河
口，东至官渡口，
长约 45km，大
部分属于石灰岩。
巫峡为峡区内三
个峡谷之一。

河谷呈 V 形，谷坡陡峭，河流比降大，谷底被河床所占据；Ⅱ是丘陵地区谷形较宽的间歇河及河谷阶地；[2] Ⅲ为一般中下游河谷，谷形宽浅，有河床、河漫滩和阶地。[22]

图 2-2-41、42、43 是长江三峡的素描。长江流过背斜山地、进入川东褶皱带，两岸山峰大部分由嘉陵江组石灰岩组成，长江下切成峡谷，沿岸峭壁临江或两岸高山凌空夹峙，景色幽深秀丽。素描时，要做适当的夸大，用较直而硬的轮廓线表现出它的雄伟高大。

图 2-2-43　西陵陕（巴尔博）
西起香溪口，东至南津关，长约 70km。处于黄陵背斜西翼，长江通过石灰岩区，中间小岛为花岗岩脉所成的河栏。

图 2-2-44、45 是三峡峡区内宽谷的素描。巫山以西宽谷段因长江流经巴东组紫色砂岩夹灰岩、灰绿色砂泥岩，岩性较软，有利河流横向发展。三斗坪坝址则因河谷下切风化较深的闪长岩和花岗岩内，沿江两岸低山丘陵，河谷开阔，谷坡平缓，洪水期河面宽 1400m，枯

水期河床上广泛出露河漫滩，有中堡岛，岛南为后河，构成良好的明渠导流地形，成为三峡工程的坝址。

图 2-2-44　巫山以西宽谷

图 2-2-45　长江三峡工程三斗坪坝址

3. 水面及波浪

对水面的素描，要运用不同线条的表现形式，画出水面平静或是波浪翻动之势。

图 2-2-46、47 是湖泊（水库）静水面的素描。注意近处水纹线

应勾得平直、稀少，平静如镜的湖面可留白不画，只将湖滨建筑和树林倒影用竖水纹线画出，可反衬出湖水的感觉，意趣盎然。

图 2-2-46　湖泊（水库）静水面（包洛文金）

图 2-2-47　河、湖静水面和天空（包洛文金）

图 2-2-48 是江、湖水面上被微风吹起涟漪的素描。要画出水面涟漪，水纹线应勾得稀疏、参差不齐，似乱非乱，让人感到水面被微风吹皱了。

图 2-2-49 是江、河面上波浪的素描。画时水纹线要按河水的流

图 2-2-48　江、湖水面上被微风吹起的涟漪（包洛文金）

图 2-2-49　江、河面上的波浪（包洛文金）

向勾得有长短、疏密和方向的变化，远处凹岸可留出空白，使人有水流泛起浪花的感觉。

图 2-2-50 是江、河、海中急滩湍流的素描。画时应按水流方向勾画漩涡、洄流的水纹线，并明显点出崖石溅起的浪花和泡沫，以增波浪汹涌、浪花翻动的水势。

图 2-2-50　江、河、海中的急滩湍流（包洛文金）

（三）高原

高原指海拔较高（500m 以上），面积较大，顶面起伏较小，外围较陡的高地。一般以较大的高度区别于平原，又以较大的平缓地面和较小的起伏区别于山地。我国的高原有高大的山原（如青藏高原）、有丘陵起伏切割破碎的高原（如黄土高原）、有多高山深谷和岩溶的高原（如云贵高原）、有起伏微缓的高原（如内蒙古高原）。

1．青藏高原

青藏高原是世界上海拔最高、最年轻的大高原，素有"世界屋脊"之称（图 2-2-51）。高原面上的山脉大部近东西走向，构成高原地形的骨架。这些山脉挺拔高峻，平均海拔 6000m 以上，8000m 以上的山峰有 11 座，世界第一高峰珠穆朗玛峰就在中尼边境。高于雪线以上的山峰一般都发育着现代山岳冰川。冰雪融水为许多河湖的补给水源。在山脉之间镶嵌着众多的宽谷、盆地，江河源头到处可看到蔚蓝色的湖泊，多是内陆咸水湖。在藏北高原，柴达木盆地、三江源和若尔盖还有大片沼泽湿地。高原外缘，高山环绕，河谷深切，形成窄狭深邃的峡谷。素描时，要采用俯视或仰视的角度来观察，并运用不同线条和不同表现形式来刻画高原各部分的外形特征和内在结构。

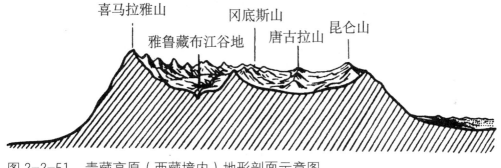

图 2-2-51　青藏高原（西藏境内）地形剖面示意图

图 2-2-52 是青藏高原自然环境演变假想的块状图。画面上形象生动地演绎高原隆起对自然环境的重大影响。

（1）为上新世时（距今约 2100 万年～1700 万年前），青藏高原的海拔高度只有 1500m～2000m，具有热带、亚热带常绿林景观；（2）为早更新世（距今约 160 万年～60 万年前），青藏高原已隆起升至海拔 3000m～3500m，大面积进入冰冻圈；（3）为中更新世（距今约 15 万年～12 万年前），青藏高原上升至平均海拔 4000m 以上，形成世界上无可比拟的巨大冰雪高原；（4）为晚更新世以后，地势仍不断升高，并经

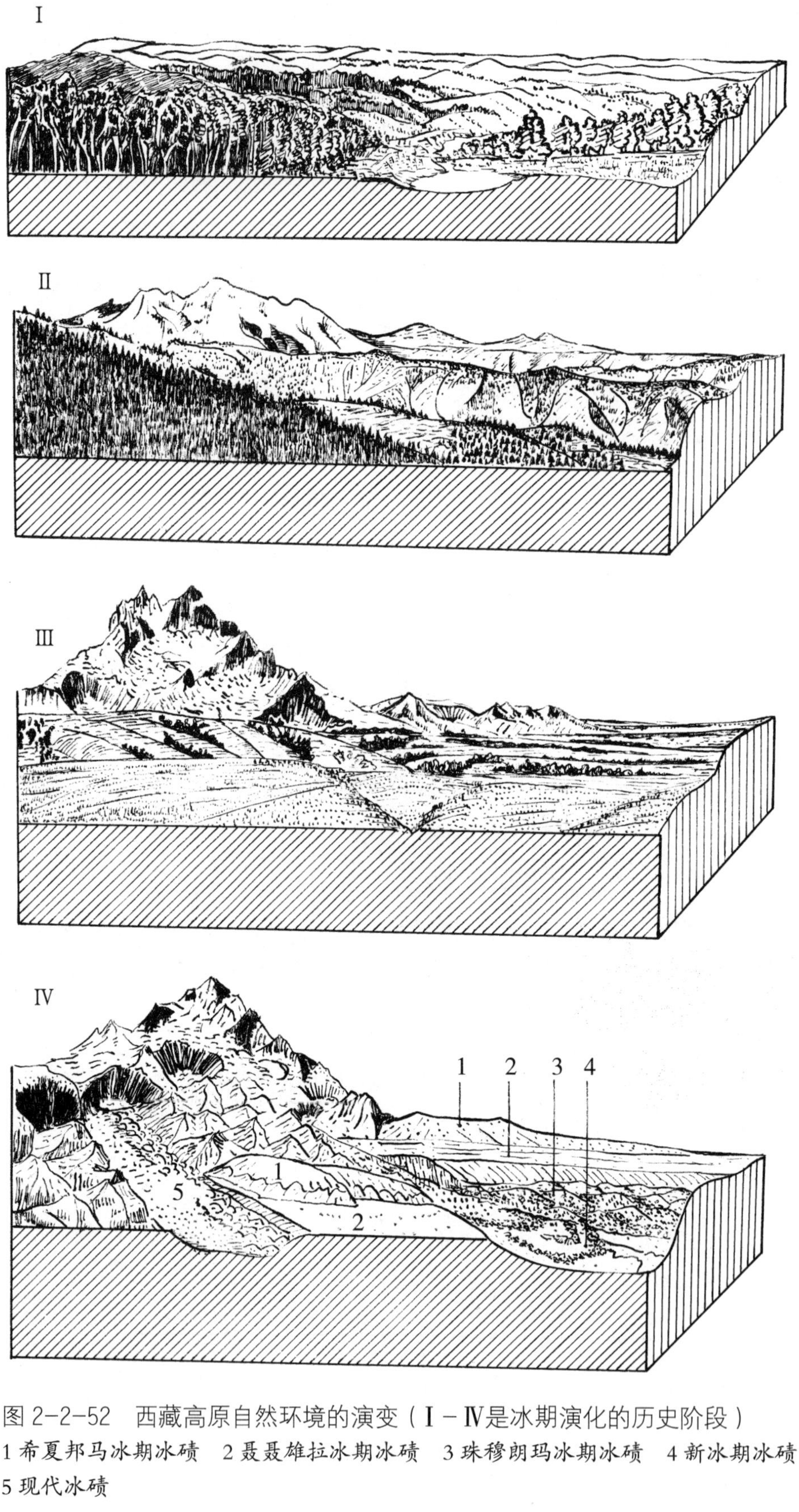

图 2-2-52　西藏高原自然环境的演变（Ⅰ－Ⅳ是冰期演化的历史阶段）
1 希夏邦马冰期冰碛　2 聂聂雄拉冰期冰碛　3 珠穆朗玛冰期冰碛　4 新冰期冰碛
5 现代冰碛

受多次冰期和间冰期，但向寒旱化方向发展的总趋势未变，自然环境与同纬度地区的差别愈趋增大，最终成为我国自然景观中独特的一员。

图 2-2-53 是世界第一高峰——珠穆朗玛峰的素描。素描时，应注意选择视平线的位置，在画面上把视平线降得低些，画面受到限制，

图 2-2-53 世界第一高峰——珠穆朗玛峰（蓝淇锋等）

Ⅰ 珠穆朗玛峰，海拔 8848.13m，奥陶纪灰岩　Ⅱ 北峰，海拔 7900m，黑云母片麻岩
Ⅲ 珠穆朗玛峰粒雪盆和冰斗　Ⅳ 长征岭，上部为黑云母片麻岩，下部为片状花岗岩
Ⅴ 冰塔林　Ⅵ 绒布冰川　Ⅶ 冰川终碛

图 2-2-54　西藏高原上的高山（斯文赫定）

素描对象就显得雄伟高大。

　　图 2-2-54、55、56 描绘的是耸立在高原面上的高山。素描时要
抓住不同山地的外貌，以及由于冰川侵蚀和堆积作用所形成的冰斗、

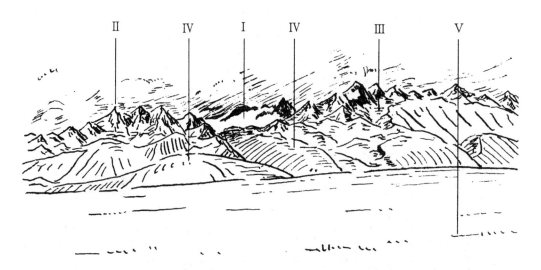

图 2-2-55　竹庆附近高原面上的山岭——雀儿山北坡
Ⅰ现代冰雪　Ⅱ角峰刃脊　Ⅲ古冰川"U"形谷　Ⅳ侧碛堤　Ⅴ竹庆盆地

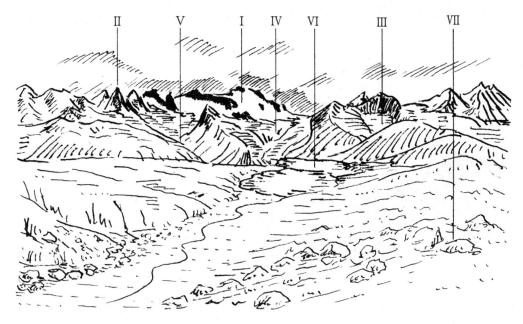

图 2-2-56　义敦附近高原面上的山岭——海子山
Ⅰ现代冰雪　Ⅱ角峰刃脊　Ⅲ古冰斗　Ⅳ悬槽谷　Ⅴ"U"形谷　Ⅵ冰碛湖　Ⅶ侧碛堤

角峰、槽谷、侧碛堤、冰碛湖等冰川地貌的差异。

图 2-2-57、58、59 描绘的是高原上的湖泊。它们大都属内流湖，多是咸水湖。其中，纳木错、特累南姆湖是我国海拔最高的湖泊之一，青海湖是我国最大的咸水湖。由于该区寒旱化进程仍在继续，像特累南姆湖等湖泊已不断萎缩，湖面缩小露出大片湖滩。画湖泊时视平线的位置正好与描绘高山时相反，应把视平线（地平线）升得高些，画面才能表示出辽阔的形象。

图 2-2-57 西藏纳木错（据孔小芳照片改绘）

图 2-2-58 西藏特累南姆湖区湖面缩小现象（局部）（据斯文赫定素描复制）

图 2-2-59 青海湖（据斯文赫定素描复制）

　　图 2-2-60 至图 2-2-69 描绘的是镶嵌在山脉之间的宽谷、盆地。其中图 2-2-60、61 为丘状高原地区，高原面保存较完整，丘陵形态浑圆，坡度和缓，丘间谷地、盆地宽广，有的地方支沟及凹形坡生长有块状森林，如川西北高原的石渠、阿坝一带；图 2-2-62、63

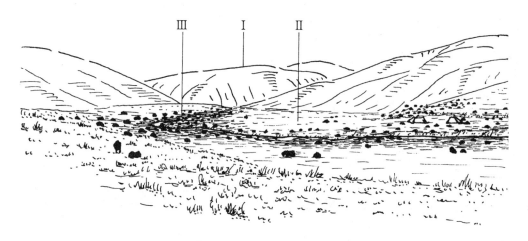

图 2-2-60　石渠附近高原上的宽谷（海拔 4200m）
Ⅰ 低缓的丘陵　Ⅱ 坡麓洪积裙和阶地　Ⅲ 宽谷中央低窪的河漫滩地

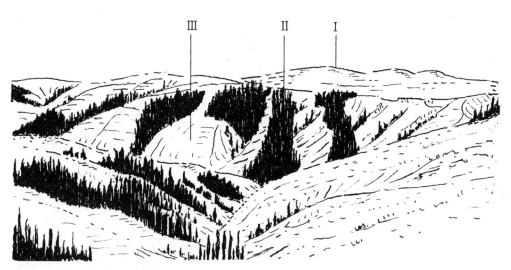

图 2-2-61　阿坝到龙日坝一带的高原面
Ⅰ 丘状高原面　Ⅱ 高原面以下支沟和凹形坡（块状森林）　Ⅲ 高原面以下沟间凸形坡（草甸植被）

为山原地区，由于距大江大河较近，岭谷相对高差较大，分水岭较窄，宽谷、盆地规模较小，如川西高原的理塘、乾宁一带的支沟宽谷，因而画面上凸出的地貌特点和线条的表达方式与图 2-2-60、61 是不一样的。

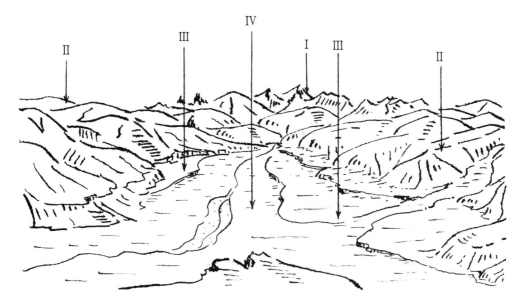

图 2-2-62　理塘一带的高原宽谷盆地（海拔 4200m）
Ⅰ 现代山岳冰川　Ⅱ 高原面的丘陵低山　Ⅲ 阶地　Ⅳ 河漫滩

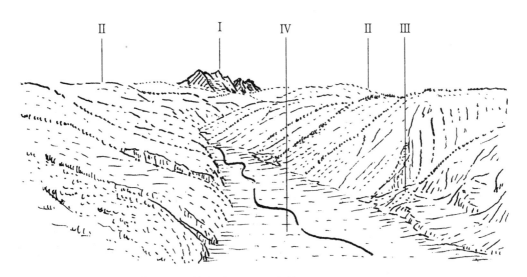

图 2-2-63　乾宁一带高原上的支沟宽谷（海拔 3500m ～ 3600m）
Ⅰ 高原面上的山岭　Ⅱ 高原面　Ⅲ 洪积扇　Ⅳ 宽浅的河谷

　　图 2-2-64、65 是若尔盖地区的沼泽谷，属黄河支流白河和黑河流域，丘陵相对高度仅数十至百余米，丘间谷地宽广，曲流发达，河谷两侧几乎全为沼泽和沼泽化草甸。在画法上，远景用虚线和点线，近景多用曲线表示塔头状草丘。

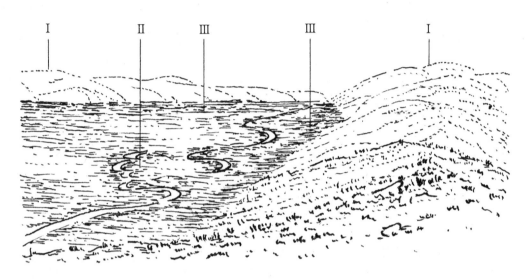

图 2-2-64　理县附近黄河支流白河河谷形态
Ⅰ 低丘缓岗　Ⅱ 曲流带内的废弃河道和沼泽　Ⅲ 坡麓洪积裙

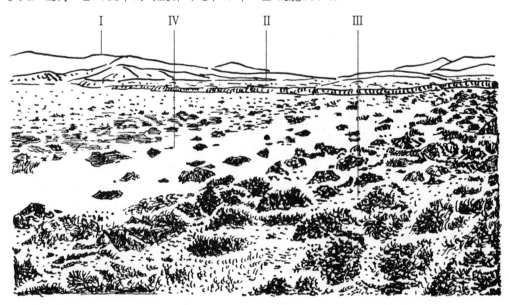

图 2-2-65　若尔盖高原上的沼泽
Ⅰ 低丘　Ⅱ 低阶地　Ⅲ 河漫滩　Ⅳ 河流

　　图 2-2-66、67 是高原面向下深切的河谷。青藏高原东部和南部是我国几条江、河的发源地，由于构造运动抬升和侵蚀基准面下降，河流在古谷地中侵蚀下切，形成山高谷深，两坡陡峻、横剖面上部呈 U 字形、下部呈 V 字形的谷中谷。图 2-2-66 是河谷全貌；图 2-2-67 是河谷特写，两者规模大小不同，表达方式也有区别。

　　图 2-2-68、69 是高原面以下的浅切割河谷。除河床外，还有阶地、河漫滩，甚至蜿蜒曲折的河道，如金沙江石鼓段、金沙江金江街段，其画面的线条轮廓和晕纹与深切河谷相比显然有所变化。

　　图 2-2-70 至图 2-2-73 是四幅过去西藏交通和社会生活的素描，说明由于自然条件复杂，地势高亢、气候寒冷，有的地方高山深谷，过去交通工具主要靠牦牛、索桥、滑索，在村庄、寺庙方面也富有民族特色。民主改革以来，随着生产的发展，西藏的交通、经济和生活已发生了巨大的变化。

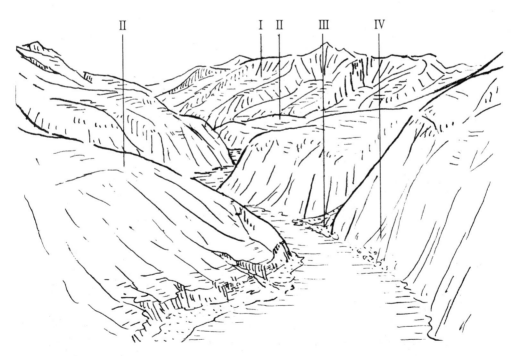

图 2-2-66　茂汶以上岷江的深切河谷形态
Ⅰ 古冰斗　Ⅱ 古曲流形成的谷肩台地（高阶地）　Ⅲ 洪积扇　Ⅳ 倒石堆

图 2-2-67　四川汶川白矣落西望岷江峡谷区羌人聚落（杨怀仁）

图 2-2-68　云南丽江石鼓金沙江河曲（蓝淇锋）

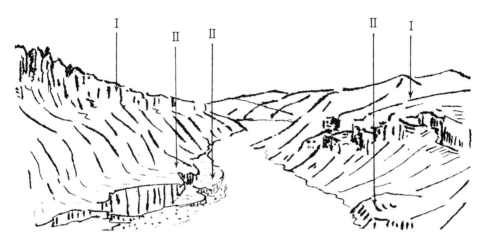

图 2-2-69　金江街以东金沙江的宽谷和阶地

Ⅰ谷缘山地　Ⅱ阶地

图 2-2-70　西藏达发哥黎拉的喇嘛寺（斯文赫定）

图 2-2-71　西藏达发哥黎拉的村庄（斯文赫定）

图 2-2-72　西藏苏特里吉河上的索桥（斯文赫定）

图 2-2-73　西藏苏特里吉河上的滑索（斯文赫定）

2．黄土高原

黄土高原包括山西高原和陕、甘高原两部分，前者不是一个完整的高原，而是山岭和山间盆地交错，且黄土覆盖不普遍，后者黄土广布，以黄土丘陵和高原为主，其间虽有不少突出丁黄土之上的山岭与嵌入黄土之中的盆地、平原，但分布面积不大。黄土高原地面基本平坦，边缘和接近山麓之处斜坡较大。黄土结构疏松，具多孔性和垂直节理，容易被流水侵蚀，黄土沟谷（冲沟、干沟、河谷）与沟间地（塬、梁、峁）非常发育，地面被切割得支离破碎，形成千沟万壑的景象（图2-2-74、75）。画素描时，应特别注意线条与黄土沟间地、黄土沟谷的关系。

图2-2-76是黄土堆积和基底地形的断面，表示黄土高原原始地面基本平坦，黄土由西北干旱地区风力吹扬搬运堆积而成。所以黄土颗粒分布西北方较粗，向东南逐渐变细，同一地区颗粒都较均匀，而且黄土分布不受地形影响，到处都有，只是原来低处更深厚些，而与黄土覆盖下的岩石却是不同的，说明黄土是风成的。

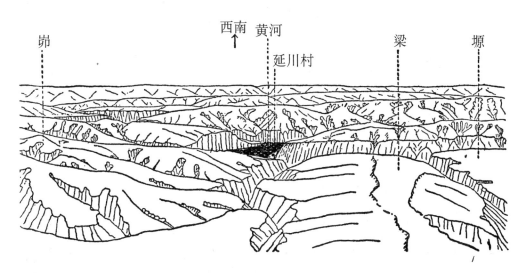

图2-2-74　山、陕黄河峡谷（张荣祖、苏时雨）

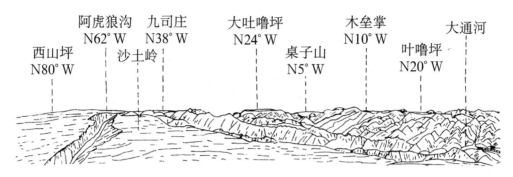

图 2-2-75 甘、青交界处黄土高原（王德基）

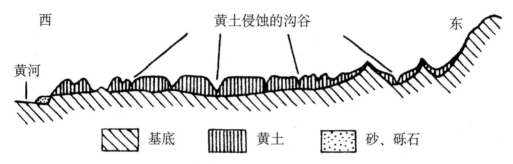

图 2-2-76 黄土堆积和基底地形

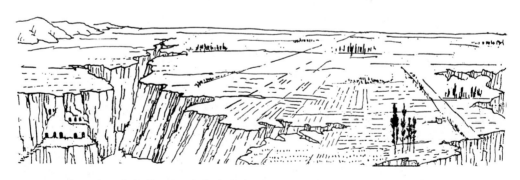

图 2-2-77 陕西中部黄土塬（李尚宽）

　　图 2-2-77 是黄土塬的素描。它是一个上覆巨厚黄土层、塬面平坦的高地。地面起伏微弱，倾斜度较小，面积在数平方公里以上，其周围往往被沟谷切割而参差不齐，如陇东的董志塬和陕北的洛川塬。

图 2-2-78 是黄土梁的素描。它是黄土塬经平行沟谷分割后形成的狭长梁状地形，顶部是平缓波状起伏，两侧往往为平缓谷地。

图 2-2-79 是黄土峁上梯田的素描。它是黄土塬、梁被沟谷分割的孤立黄土丘陵，呈穹状或馒头状，顶部浑圆，斜坡较陡，坡度变化大，从 5°~6° 至 35° 左右，常分布在切割破碎的河流下游或河流交汇的地方，部分已开发修成梯田，多见于陕北、晋西一带。

图 2-2-80 是黄河支流泾河河曲的素描。它是黄土地区有经常性水流的河谷。在蜿蜒曲折的河道两侧有宽广的冲积平原，为黄土高原的"棉粮川"之一。

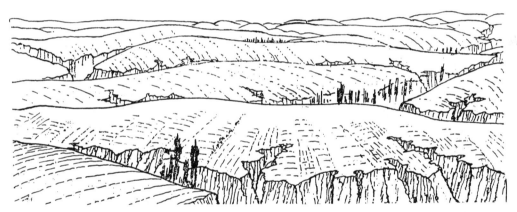

图 2-2-78　陕西中部黄土梁（李尚宽）

图 2-2-79　黄土峁上的梯田（作者和出处不详）

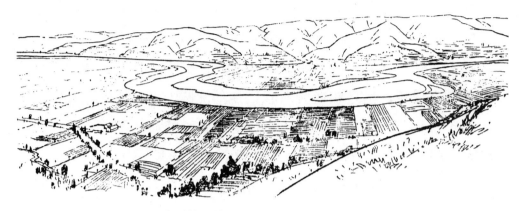

图 2-2-80　陕西泾河河曲（蓝淇锋）

3. 岩溶高原

岩溶高原是碳酸盐岩（包括石灰岩、白云岩、泥灰岩）地层分布广，四周被深谷陡崖所包围的高原，主要集中于云、贵、川、鄂和广西等省区，海拔在 500m～2000m 上下。高原上有波状起伏的岩溶丘陵和峰林，高原内有明暗相间的河流、盲谷、漏斗、溶蚀洼地、岩溶盆地等发育，地下水往往从高原边缘的陡崖下流出，以贵州中部、北部及鄂西岩溶高原为典型。[8] 素描时，除运用线条外，还可用剖面或块状图来表示。

图 2-2-81、82 是岩溶地貌发育过程的素描，说明岩溶地貌不同发育阶段的特征：Ⅰ 上升的厚层石灰岩地区，岩层完整，原始地面微有起伏。Ⅱ 地表开始有水系，地面有石芽、溶沟、落水洞逐渐发育，

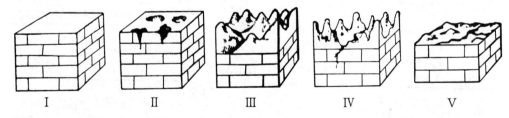

图 2-2-81　峰丛、峰林、残丘发育过程示意图
Ⅰ 完整石灰岩地形　Ⅱ 岩溶发育初期阶段　Ⅲ 峰丛　Ⅳ 峰林　Ⅴ 残丘

漏斗开始出现，地下水流处于孤立状态，为幼年期，高原区岩溶地形。
Ⅲ、Ⅳ地面峰丛、峰林、落水洞、漏斗和溶蚀洼地满布，地下洞穴相
互连接，地表水几乎都被吸收转为地下水，地表河逐渐消失，地下形
成统一的地下水面。有的洞穴顶部开始崩塌，溶蚀洼地合并成盲谷或
扩大成岩溶平原，为壮年期，山地区岩溶地形。Ⅴ地面起伏渐小，残
留着一些孤峰、残丘，形成准平原。洞穴顶部已坍塌，地下河又成地
上河，但准平原以下岩溶作用仍继续进行，为老年期，平原区地形。

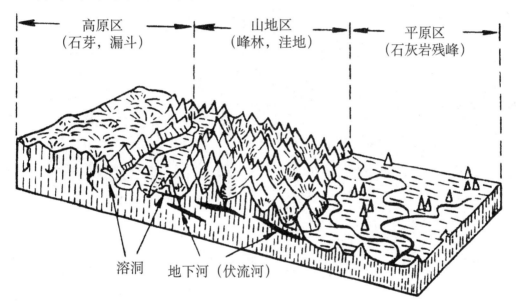

图 2-2-82　石灰岩地形发育示意图

　　图 2-2-83、84、85 是一组石林的素描。石林是石芽的一种特殊
形态，形体高大，相对高度一般 20m 左右，大者达 50m。石芽之间有
很深的石沟，沟坡垂直，坡壁上刻有平行垂直的凹槽，如在云南路南
阿诗玛处的石林地形，就是一条条巨大石柱耸起于平地之上，呈现各
种人物造型。

　　图 2-2-86 是广西漓江两岸的峰林，2-2-87 是桂林岩溶地貌，
2-2-88 是大新县岩溶盆地的素描。从画面上可以看到运用简繁不同
的线条和表现形式，可以表现出岩溶地貌的不同表情。

图 2-2-83 云南路南石林（陈述彭）

图 2-2-84 路南石林特写（作者和出处不详）

图 2-2-85 路南石林"人物造型"（谢凝高）
Ⅰ"母子携游" Ⅱ"阿诗玛" Ⅲ"苏武牧羊"

图 2-2-86　广西漓江两岸岩溶地貌（蓝淇锋）

图 2-2-87　广西桂林岩溶地貌（蓝淇锋）

图 2-2-88　广西大新县岩溶盆地

（四）盆地

盆地指周围山岭环绕、中间低平的盆状地形。其成因多种多样，可分为构造作用的断陷盆地、侵蚀作用的山间盆地等；按位置可分为内陆盆地、外流盆地等。我国的盆地很多，如塔里木盆地，丘陵山区内部的河谷盆地。盆地的绝对高度相差很大，如柴达木盆地高达海拔 2700m，吐鲁番盆地的艾丁湖低于海平面 155m（图

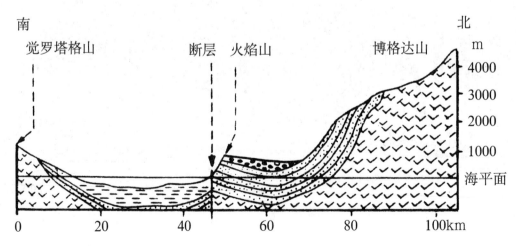

图 2-2-89　新疆吐鲁番盆地剖面

2-2-89），面积大小也很悬殊。素描时必须注意把握它们各自的形态特征和表达方式。

1. 荒漠盆地

荒漠盆地地质、地貌的格局是长期以来干旱气候的产物。在内蒙古高原西部和宁、甘、青、新的内陆盆地中，从周围剥蚀山坡以下到盆地中心，首先出现的是山麓洪积扇上的砾石戈壁，其次是洪积冲积平原上的沙砾戈壁和土质平地。土质平地往往被开发为绿洲。进入盆地中心的冲积、风积平原则发展为大片流沙，如塔里木盆地。只在部分地下水条件较好的地区，才有植被生长的固定沙丘。在河流和地下水的排泄尾闾，有些盐湖和湿地（图 2-2-90）。

图 2-2-91 至图 2-2-94 是新疆天山的四幅素描。天山由许多平行的断块山组成，中间夹有山间盆地、谷地，山体宽250km～350km，海拔一般在 4000m 以上，冰山发育。

图 2-2-95、96、97 是甘肃河西走廊干燥地貌的三幅素描。其中图 2-2-95 是地貌分带，由北向南依次为剥蚀低山带、基岩残丘带、洪积扇带、戈壁带、半固定沙丘带；图 2-2-96 为甘肃疏勒河中游在

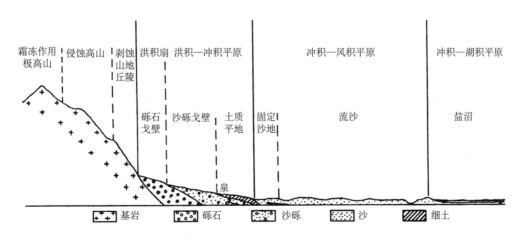

图 2-2-90　荒漠地区内陆盆地自然景观剖面图

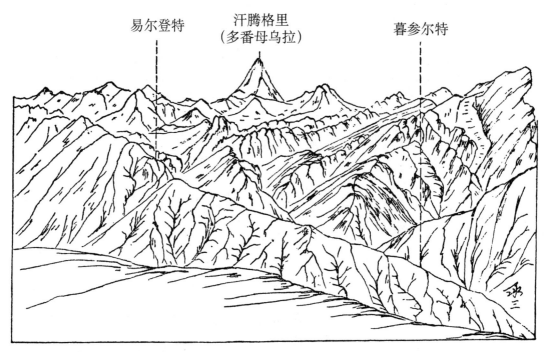

图 2-2-91　天山第二高峰——汗腾格里峰（李承三）
（由土母达散克向南 15° 西绘）

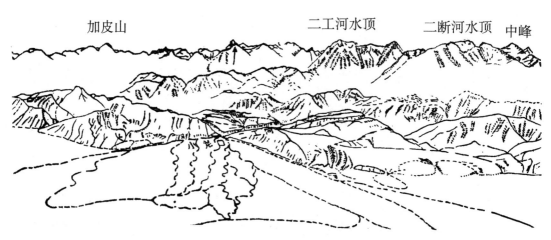

图 2-2-92　天山远景（袁复礼）
（自无量庙向南望）

图 2-2-93　天山的天池

1959.4.26

图 2-2-94　天山胜利达坂一号冰川（双支冰川）

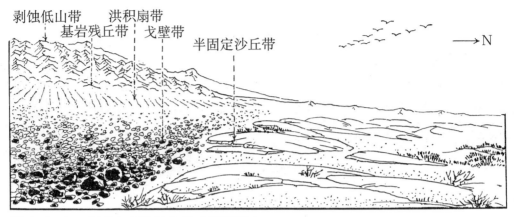

图 2-2-95　河西走廊地貌分带（蓝淇锋）

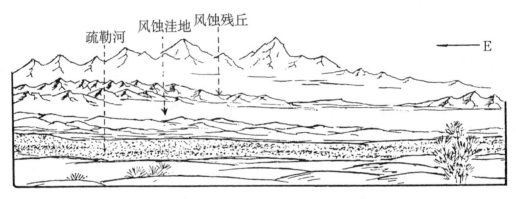

图 2-2-96　带状风蚀残丘和洼地景观（蓝淇锋）

图 2-2-97　党河口西侧成层镶嵌洪积扇（王德基）

定向风力吹蚀下，形成带状风蚀残丘与风蚀洼地相间排列，排列方向与风向一致；图 2-2-97 为党河口西侧成层镶嵌的洪积扇。[17] 图 2-2-98 为酒泉北大河冲积平原上形成的蛇曲（河曲、曲流），两岸均为第四系松散砂砾，反映地貌形成之初河流水量很大，以后随干旱程度增强而干涸。

图 2-2-98　甘肃酒泉北大河蛇曲（蓝淇锋）

图 2-2-99 是甘肃河西走廊新月形沙丘的素描。沙丘高数米至数十米，两坡不对称，迎风坡为斜坡，坡度在 10°～20° 之间，背风坡（落沙坡）为陡坡，坡度在 30°～33° 间。在定向风力作用下形成。

图 2-2-100 是腾格里沙漠南端重重相叠形成的高大沙山素描。[17]

图 2-2-101 是敦煌月牙泉素描。在极端干旱的荒漠条件下，月牙

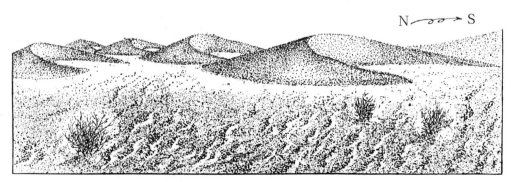

图 2-2-99　新月形沙丘（蓝淇锋）

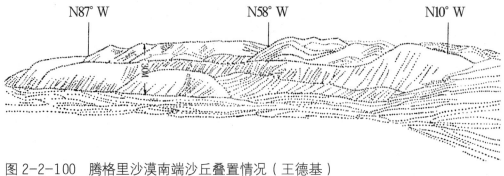

图 2-2-100　腾格里沙漠南端沙丘叠置情况（王德基）

（自马食槽向西北望）

图 2-2-101　敦煌月牙泉（蓝淇锋）

图 2-2-102　新疆乌尔禾"风城"

泉泉水永不枯竭，创造了沙、泉共存的奇迹，无愧于天下沙漠第一泉的美称。

图2-2-102是新疆乌尔禾"风城"素描。"风城"是风蚀水平岩层所形成的多层状山丘，远看犹如颓毁的古城堡树立在平地上而得名，以乌尔禾风城最为典型。

图2-2-103是新疆罗布泊附近雅丹地形素描。雅丹的维吾尔原意为"陡壁的小丘"，泛指风蚀垅脊、土墩、风蚀沟槽和洼地的组合。因湖水干涸，湖底泥质沉淀物干缩龟裂，盛行风沿裂隙不断吹蚀，使龟裂面不断扩大而成，以罗布泊附近雅丹地区最为典型，故名。

图2-2-103　新疆罗布泊的雅丹地貌（据陈宗器素描复制）

图2-2-104是吐鲁番盆地坎儿井景观及其工程示意图。坎儿井是新疆、甘肃等省区取用砾石层中地下水的水利系统。由直井、地下渠道、地面渠道、涝坝几部分组成。出水量大而稳定；蒸发损耗少，水的利用率高；水引至地面，可进行自流灌溉；井的结构简单，便于开挖修建。

图2-2-105是新疆于田县维克吐拉克"金字塔"沙山已被绿洲包围的素描，体现已基本改变"沙漠压良田，沙迫人退"的旧面貌。

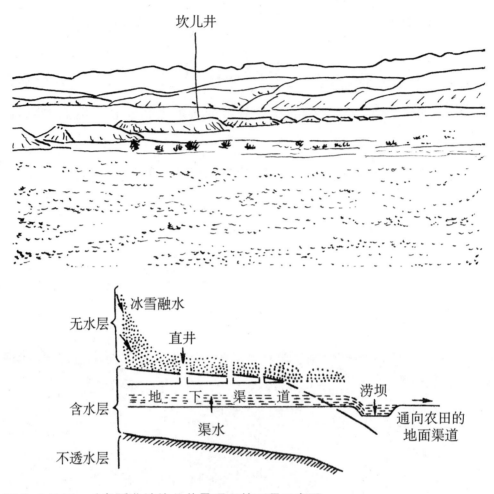

坎儿井

冰雪融水

无水层

直井

含水层

地 下 渠 道

渠水

涝坝

通向农田的
地面渠道

不透水层

图 2-2-104 吐鲁番盆地坎儿井景观及其工程示意图

图 2-2-105 新疆于田县维克吐拉克"金字塔"沙山已被绿洲包围

2. 山间盆地

山间盆地位于丘陵山地之间，其成因多种多样，可分为构造作用的断陷盆地、侵蚀作用的河谷盆地等，面积较小，地势平坦；常是山区主要农牧业基地。

图 2-2-106 是一幅盆地的素描。注意要突出盆地周围山岭环绕、中间低平的盆状地形特点。规模较大的盆地多属断陷盆地。

图 2-2-107 是云南省昆明断陷盆地的素描。从图上可清楚地看到

210° ⬅

图 2-2-106　阿尔金山其了克巴斯套盆地（张彭熹）

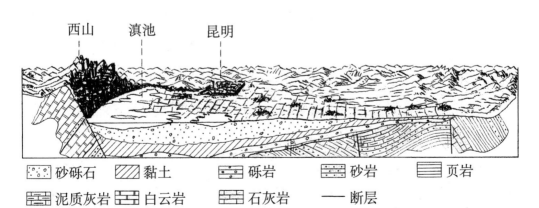

西山　　滇池　　昆明

砂砾石　黏土　砾岩　砂岩　页岩
泥质灰岩　白云岩　石灰岩　——断层

图 2-2-107　昆明断陷盆地块状图

这个盆地的成因是西山山体发生断裂,其西侧上升,东侧下陷成滇池和昆明盆地。

图 2-2-108 是安徽石台县山间河谷盆地的素描。这类盆地多为河流侵蚀作用形成。盆地面积较小,有河流通向湖泊或海洋,是丘陵山区主要的农业基地和城镇所在地。

图 2-2-108　安徽石台县山间河谷盆地

(五) 平原

平原指海拔高度较小、地表起伏微缓的广大平地。平原地形比较单调,面积大小悬殊。有些平原上也可看到相对高度不大的小丘、湖沼和洼地。我国的平原很多,在陆地地形中占有特殊重要地位。平原以较小的高度区别于高原;以较小的起伏区别于丘陵。素描平原时,要注意掌握有关区域自然条件特征及各区之间的差异等地理知识,使具体的素描内容依附于形体结构之上。同时运用所学到的透视原理和视平线高度的变化,选用不同线条和表现形式来表示所要说明的科学问题,详见下面实例。

1．东北平原

东北平原位于大、小兴安岭和长白山地之间，南北长约1000km，东西宽约400km，面积达35万km²，海拔一般在200m以下。地面受流水切割，出现缓岗浅谷的波状起伏，其特点是山地环绕、平原广阔。在我国主要的平原中，论面积，以东北平原最大；论地势，以东北平原最高；论土质，以东北平原的均腐土（相当于黑土、黑钙土）最肥沃；论地理环境，以东北平原最为优越。因而东北平原是我国重要的农业基地之一。

图2-2-109是东北平原局部的地质和地形断面图。整个东北平原分三部分：东北部主要是由黑龙江、松花江和乌苏里江冲积而成的三江平原（在本图之外）；南部主要是由辽河冲积而成的辽河平原；中部则为松花江和嫩江冲积而成的松嫩平原，后两个平原又合称为松辽平原。

图2-2-110是黑龙江肥沃的均腐土景观的素描。均腐土是一种无石灰性肥力较高的黑色土壤，主要分布于黑龙江和吉林两省。东北的均腐土区是世界四大黑土区之一。

图2-2-111是沼泽湿地的素描。东北平原的嫩江流域和三江平原等地，有大面积沼泽湿地，是重要荒地资源。过去由于荒无人烟，被称为"北大荒"。解放后，排干沼泽，垦出大面积耕地，使"北大荒"变成"北大仓"。

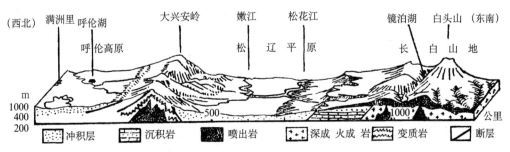

图2-2-109　东北平原局部地质和地形断面示意图

图 2-2-110　黑龙江肥沃的均腐土（黑土）

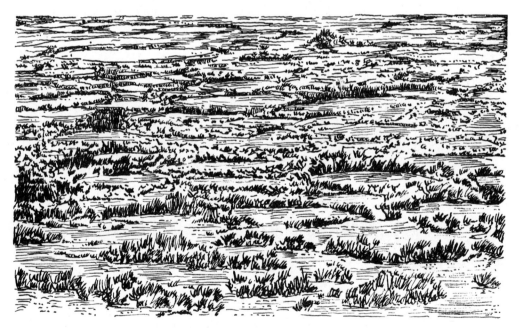

图 2-2-111　大兴安岭的草地沼泽（据金京模素描复制）

2. 华北平原

华北平原又称黄淮海平原，西起太行山麓，东止于海滨，以黄河古三角洲为主体，第三纪至现代沉降与堆积作用而形成。地势异常平坦，坡降很小，是我国第二大平原。

　　图 2-2-112 是华北平原的地形断面图。由太行山麓到滨海平原，组成物质、地下水位、土壤等作有规律的变化。沿山麓地带为洪积扇组成的倾斜平原，海拔稍高，近 200m 左右；冲积平原一般在 50m 上下；滨海地区只有 10m 左右，天津只有 33m。受海潮影响，滨海地带有大片沼泽地。

　　图 2-2-113 是太行山南麓洪积扇和冲积平原素描。从画面可看出，自扇顶至扇缘，地面逐渐变低，坡度逐渐变小，堆积物颗粒变细。地表水与地下水均较丰富，一般无盐渍化现象，是这一地区的农业基地。

　　图 2-2-114 是华北平原主体部分冲积扇地形纵切面。在山前倾斜平原与滨海平原之间的主体部分，由于历史上黄河多次改道，形成许多湖泊、古河道和沙丘群。沿黄河河道有一系列冲积扇形地向外伸展，

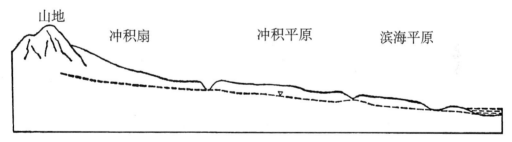

图 2-2-112　华北平原的地形断面示意图

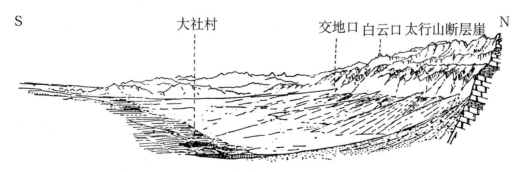

图 2-2-113　太行山南麓的洪积扇和冲积平原（陈述彭）

依次出现大小不等的浅平封闭洼地和岗地。在这种"大平小不平"的微地形条件下，造成了淤土、两合土和砂土的组合分布。

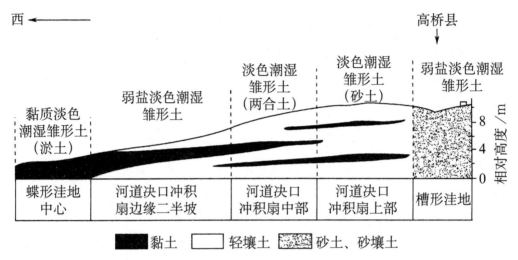

图 2-2-114　华北平原主体部分冲积扇地形的土壤纵切面（据熊毅等图改绘）

　　图 2-2-115 是黄河下游地上河示意图。黄河上、中游穿行于黄土高原峡谷中，河水紧束，汹涌奔腾。穿过三门峡，出桃花峪后，河道开阔，水流缓慢，流经花园口以下至利津段的坦荡大平原，由于泥沙逐年淤积，河床抬高，形成大堤高出两岸 10m 左右，长达 900km 的地上河。

　　图 2-2-116、117 是华北平原园田化素描。华北平原由于历史上黄河多次决口，土地利用不合理，旱、涝、盐碱、风沙灾害频繁，作物产量不高。改革开放以来，经综合治理，已旧貌换新颜，成为我国重要粮、棉产区。

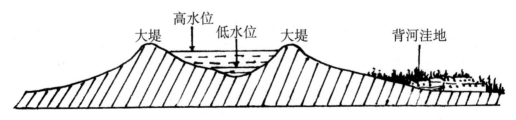

图 2-2-115　黄河下游地上河示意

图 2-2-116　华北平原的园田（作者和出处不详）

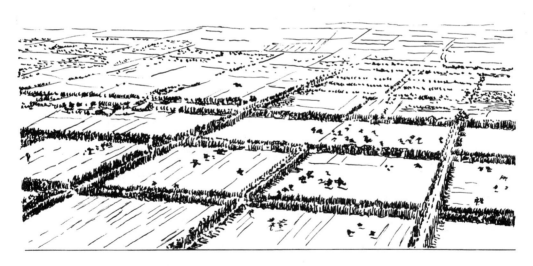

图 2-2-117　华北平原综合治理后规范化的农田

3.长江中、下游平原

长江中、下游平原包括江汉平原、两湖平原、苏皖沿江平原和镇江以东的长江三角洲。这里水热条件配合较好，河、湖众多，素有我国"鱼米之乡"之称。

　　图2-2-118是湖北洞庭湖区围田的素描。这里地势低洼，由于长期同洪、涝斗争，不断筑堤围垸而成。堤垸外侧的湖滨平原，向湖泊微倾，多为泥质潜育水耕人为土和潜育土，堤垸内则为泥夹砂或砂质简育水耕人为土或铁渗水耕人为土。

　　图2-2-119是长江三角洲田畴纵横的农田。长期的农田基本建设，平整土地、开挖灌、排渠道，使土地方整化和规范化，耕作精细，生产水平较高，是我国的稻、麦高产区。

　　图2-2-120是太湖西山飘渺峰东北望湾里的素描。反映湖滨平原和山麓土地利用状况。

　　图2-2-121是江苏里下河垛田的素描。垛田是长期挖泥垫高而成的。在碧波千顷的湖荡中，整齐地排列着一条条的垛田，其上种着各种旱作物。由于大型水利的发展，排水系统的改变，垛田正逐步改造成为条田，体现人类改造自然的伟大力量。

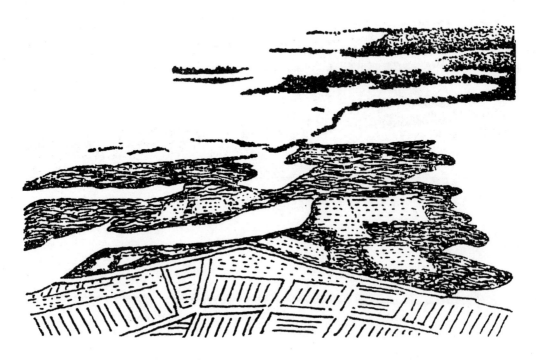

图2-2-118　湘北洞庭湖区的围田

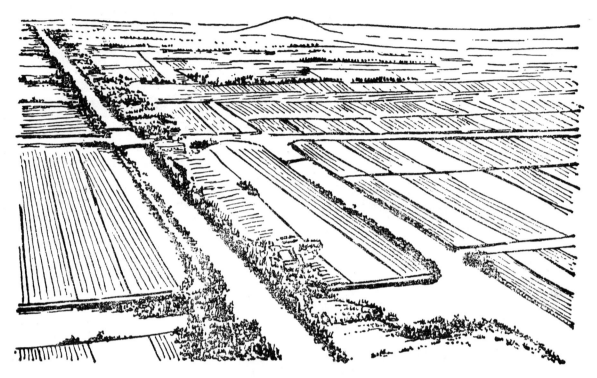

图 2-2-119　长江三角洲田畴纵横的农田

东洞居山　　湾里镇

图 2-2-120　太湖西山飘渺峰东北望湾里（陈述彭）

图2-2-121　　江苏里下河的垛田

三、地质构造和地层岩性的素描

　　地质构造和地层岩性与地貌有着十分密切的内在联系。对地质现象的素描常与地貌的描绘联系在一起，以求得两者之间的综合反映。上一节是从构造来解释现代地貌，现在这里讲的是根据目前的地貌表现来分析地壳构造等要素。地质素描按其形式可分为两类，一为平面图的素描；另一为立体图形的素描。[2、7]

　　平面图形的地质素描，在图面上只能表示两度空间，不能呈现立体形象。如描绘砾石排列方向、交错层理等个别的比较小的地质现象，可用大方格网平铺于要画的对象上，然后依一定比例缩在素描图上。又如绘制单纯的自然剖面图，根据地势起伏，按大致比例尺绘一条曲线，然后在切开的垂直面上用简单的线条填绘实地所见的相应地层、岩性符号及注记（图2-3-1、2）。如果它是按露头良好而路线又横穿走向时，一边走，一边对两旁地层剖面进行描绘，最后就成为连

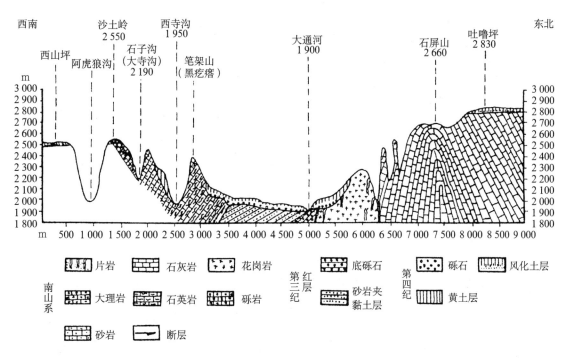

图 2-3-1 大通河连城峡口横剖面，并示古剥蚀面切割情况（王德基）

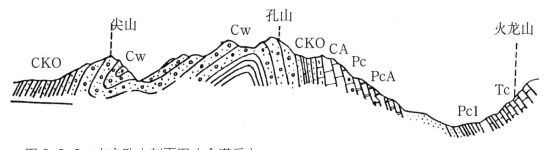

图 2-3-2 南京孔山剖面图（金谨乐）

续剖面图，又称路线素描。此外，在没有地理底图的工作区域，有时还要素描地形图。其做法与测绘学的草测部分相同，只是工具有所差别。我们的野外记录手簿等于测量用的平板，铅笔等于照准器，或者只利用罗盘。

在野外工作中，用得最多的是立体图形地质素描。它包括的范围较广，由局部的素描到全区的素描，主要有以下三种：

（一）地质构造

地壳由于物质分流、热对流、地球自转等原因而产生地面升降、褶皱、断层等构造。这些野外常见的地质现象，也是素描中经常表现的对象。素描褶皱时，首先要分析褶皱的轴向、轴长、两翼的倾角等几何性质。其次，要注意透视原则，在构图上可把它当做各种卧伏形式的近似圆柱体看待。褶皱规模有大有小，主要描绘背斜和向斜的基本形态和主要结构面，并根据岩层新老关系在图上反映出褶皱的性质及其在地貌形态上的表现。同时也应该注意线条的应用，必要时可加一些岩性符号或辅助的说明线。

图 2-3-3 是水平岩层产生褶皱示意图。沉积岩在形成时，原来是成层的、水平的。地壳运动（构造运动）时，原来近于水平的岩层受到挤压，使岩层产生波状弯曲变形，就叫褶皱。褶皱的基本形式有背

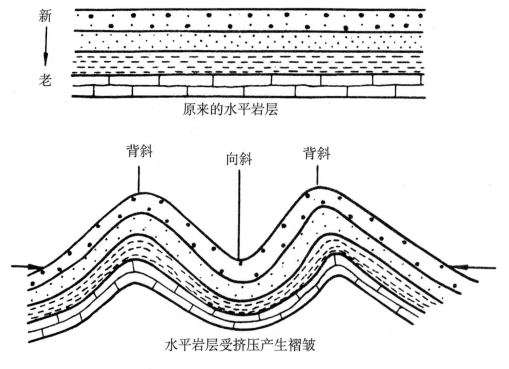

图 2-3-3　水平岩层产生褶皱示意图

斜和向斜。背斜的特点是，褶皱中心岩层向上隆起，两侧岩层倾斜向外；向斜的特点是，褶皱中心向下凹陷，两侧岩层向中心倾斜。

图 2-2-17 是背斜成山、向斜成谷的素描，但是在野外常常发现背斜成谷，而向斜反而为山（图 2-3-4）。原因是背斜中心部分岩层因向上弯曲最厉害而产生张力，使岩层破裂，容易受到侵蚀形成谷地。向斜部分岩层受挤压较轻，风化侵蚀速度较慢，所以突起成岭。此外，有的背斜构造因各时代岩层软硬不一，软弱的容易侵蚀成谷，坚硬的突起成岭。

图 2-3-5 是柴达木黄石弓形山背斜的素描，说明可以只用一条线来表示背斜构造。图 2-3-6 为黄石构造第二高点的素描。从图上可以看出线条皆与岩层倾向一致。

图 2-3-7 是山西高原与沁河峡谷的素描，从画面可以看出把地层与褶皱山地形态结合起来，加些岩性符号，可以反映岩层与地貌密不可分的内在联系。

图 2-3-4 背斜成谷而向斜反成为山（方如康）

图 2-3-5 柴达木黄石弓形山背斜（张彭熹）

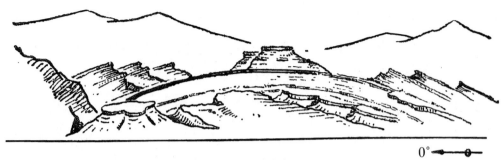

0° ➤─◎──

图 2-3-6　柴达木黄石构造第二高点（张彭熹）

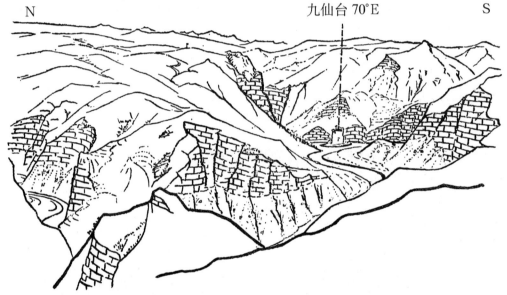

N　　　　　　　　　　　　　　九仙台 70°E　　　　　　　　　S

图 2-3-7　山西高原与沁河峡谷（陈述彭）
（自神手头后山东望九仙台）

　　图 2-3-8 是广东肇庆七星岩背斜的素描。该背斜构造自东向西望，两翼灰岩成为峰林，轴部砂岩成低丘。由于在漫长地质岁月中遭到内、外力的破坏，已变得不那么明确。素描时，可根据构造形迹采用一条辅助线条以恢复它的原有面貌。

　　断层是地壳运动时，沿断裂面两侧岩块发生明显相对位移现象。素描断层时，应注意反映断层线、断层面以及因断盘上升下降而形成的各种断层。搞清楚断层线及岩层在地面上的所有形迹，从而明确岩层的接触关系。

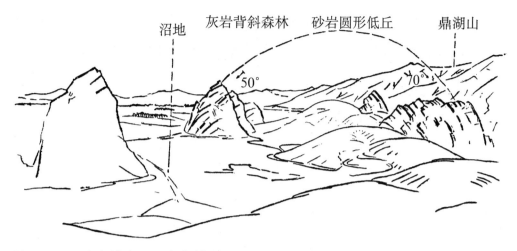

图 2-3-8 广东肇庆七星岩背斜（陈述彭）

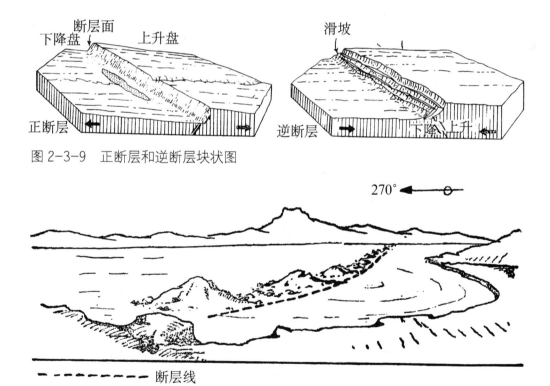

图 2-3-9 正断层和逆断层块状图

- - - 断层线

图 2-3-10 柴达木大风山正断层（张彭熹）

　　图 2-3-9 是正断层和逆断层块状图。断层种类很多，最基本的是这两种，画面上岩层破裂后，称断层面；两旁的岩块称盘；如果断层面是倾斜的，断层面上面的一盘称上升盘，下面的一盘称下降盘；如

果断层面是直立的，就没有上下盘之分。[12]

　　图2-3-10是柴达木大风山正断层的素描。画面上的虚线表示断层线，在地表上显示为一排隆起的小丘，在图上可以大致看出断层的走向。

　　图2-3-11是柴达木黄石逆断层素描。在这块露头上牵引现象很清楚。素描时要多用一些线条，也采用岩性符号来表示。

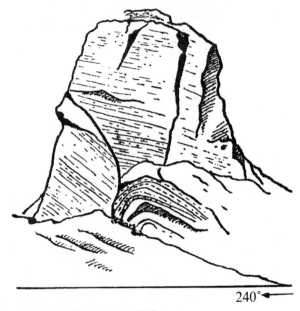

240°◀━━

图2-3-11　柴达木黄石逆断层（张彭熹）

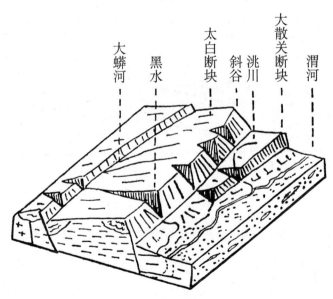

图2-3-12　太白山断块地形示意图（张伯声）

　　图 2-3-12、13 是太白山和秦岭断层示意图。秦岭山顶和缓面上的山地，每因地形突出而成为名山，太白山就是其中之一。秦岭北面为断层所成急坡和大断崖，与渭河北断层平行排列，形成了渭河地堑谷。

　　图 2-3-14、15、16 是断层所成的三角面断层崖的素描。描绘地堑或断层构造地貌时，构图可以当做是箱形的长方体，然后依照切割程度绘出主要的三角形山足面，它们的轴线垂直于断层线，其顶端大致处于同一水平线上，山足面的斜坡基本上是左右对称的。

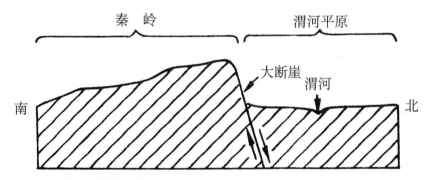

图 2-3-13　秦岭大断崖示意图

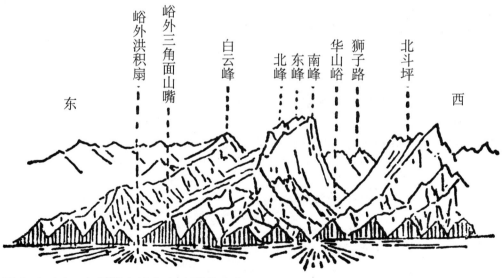

图 2-3-14　由华阴南望华山（张伯声）

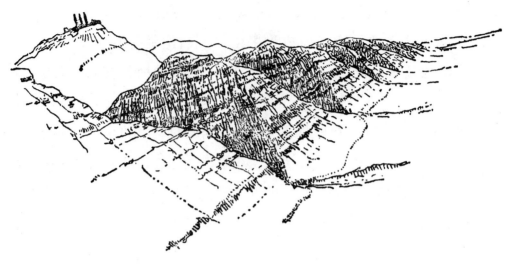

图 2-3-15 山西太谷附近的断层崖（巴尔博）

图 2-3-16 山西汾河附近的断层崖三角面陡坎（雍万里）

（二）地层岩性及其产状

在这一类素描中，为了表示岩性、产状及地层层位关系，常和地貌形态结合起来，以立体剖面的形式既表示了地表的起伏，又显示内在地质构造、岩性和地层层位。在说明岩性时，尽量应用岩性图例或地层年代的惯用符号。在运用线条时应考虑物体的明暗部分。

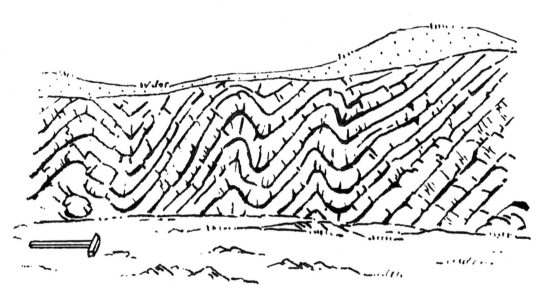

图 2-3-17 南京铁石山 "W" 型褶皱（金谨乐）

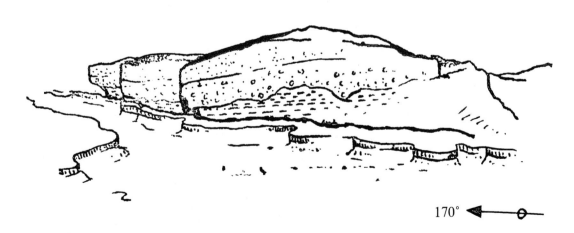

170°

图 2-3-18 柴达木红三旱第三纪 Trh3 地层中的侵蚀间断（张彭熹）

图 2-3-17 是南京铁石山 "W" 型褶皱露头的素描。该图把这个地质结构面在横切面上的特点，用不同线条反映出来，除了可以看出层次外，还体现了各个层次的厚薄及层间裂隙。

图 2-3-18 是柴达木红三旱第三纪 Trh3 地层侵蚀间断的素描。画面上可以看出侵蚀间断的存在，及相互之间的岩石性质。

图 2-3-19 是柴达木红三旱第三纪 Trh3 地层褶皱的素描。画面上应用线条极少，先勾出地形，然后只用一两层岩性符号表示地层的褶皱形式，画法虽简单，但仍能说明地质问题。

图 2-3-20 是开平盆地南山寒武奥陶系分界的素描。这是用地质年代符号来说明地质分界素描的一种方法。

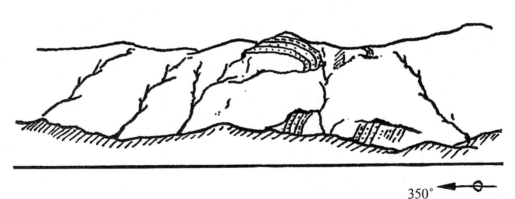

350°

图 2-3-19　柴达木红三旱第三纪 Trh3 地层的褶皱（张彭熹）

0°

图 2-3-20　开平盆地南山寒武奥陶纪的分界（张彭熹）

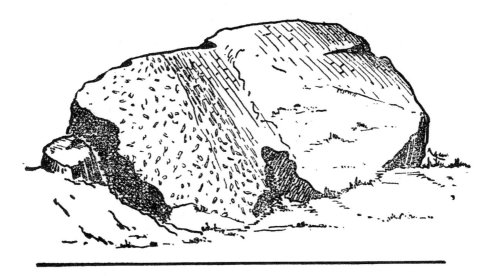

图 2-3-21　竹叶状灰岩成因的素描（张彭熹）

（三）矿物、岩石的详细描绘

对矿石、岩石构造、晶体形态等的描绘，因素描面积不大，往往描绘得较为细致。为说明素描对象的水平比例与垂直比例，除在图上画直线比例尺或用数字注明外，常用铅笔、记录簿、水壶等作为陪衬。

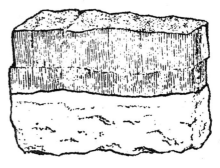

图 2-3-22　石棉的纤维状集合体（原大）（内蒙古）（金谨乐）

图 2-3-21 是说明竹叶状灰岩成因的素描。该露头右上部表示薄层灰岩，右下部则稍有破碎，直至左下部则破碎成杂乱无章的竹叶状。这块露头表示了竹叶状灰岩的形成过程。利用这样的素描来辅助文字说明效果是很好的。图 2-3-22 是石棉的纤维状集合体素描。图 2-3-23 是方解石和沸石的杏仁体素描。

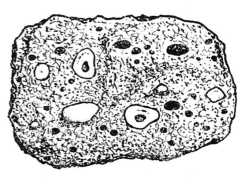

图 2-3-23　方解石和沸石的杏仁体（原大）（江苏）（金谨乐）

四、气候与陆地水的素描

气候通常指某一地区多年常见的和特殊性天气状况的综合。陆地水因空间分布的不同，分为地表水和地下水，这两个环境因素虽然有时看不见摸不着，但可以感知其存在。因此，在素描时，可以用假想的图解形式把太阳辐射、气团运动、水分循环、河水补给来源、地下水类型等对象描绘出来。这种简化的略图是自然景观素描的表达方式之一，有一定的实用价值。

（一）气候

1. 太阳辐射

地球上一切风云变化和生命过程的能源都是来自太阳，太阳辐射与热量、水分的不同组合就形成不同的气候类型。太阳辐射的强弱，主要受太阳高度角大小的制约。

图 2-4-1 是太阳高度与辐射强度关系示意图。在图上可以看到太阳高度角愈大，愈接近直射时，等量的辐射散布（投射）面积愈小，单位面积上所获得热能愈多；太阳高度角愈小，愈是斜射，等量辐射投射面积愈大，单位面积上获得热能愈少。

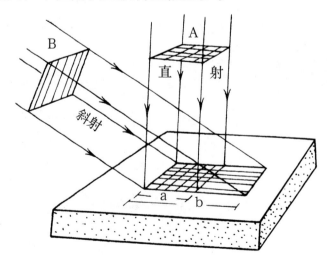

图 2-4-1　太阳高度与辐射强度关系示意图

图 2-4-2 是直射与斜射穿过大气层厚度不等的示意图。在图上可以看到愈接近直射，太阳光线通过大气层厚度越小，辐射减弱愈小，地表获得热能愈多；反之，地表获得热能也就愈少。夏季正午前后"骄阳似火"，正是由于太阳高度角大的缘故。到达地面的太阳辐射，并不全部为地表所吸收，地面要反射一部分，反射多少与地理纬度、地表性质有关。例如，雪的反射最强，融雪又要消耗热量，所以"雪后寒"。

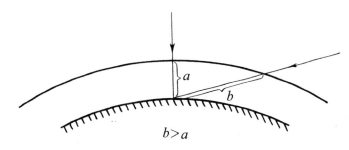

图 2-4-2　直射（a）与斜射（b）穿过大气层厚度不等的示意图

2. 气团与天气

气团是指广大地域范围内，具有均一的温度、湿度等物理属性的大块空气。短期大气物理状态则称为天气。因时间、地点、条件不同，天气经常变化着，这种阴晴风雨都是大气物理状态的变化。影响天气和大气物理状态的主要因素是气团和锋面活动。

图 2-4-3 是锋在空间状态的示意图。图上可以看出两个性质不同的气团相接触，两者之间存在狭窄的过渡区域，称为锋。锋的两侧主要表现在温度方面。因此，可把锋看成是冷、暖气团之间的过渡区域，即锋面。锋在空间状态是倾斜的，暖气团密度小，冷气团密度大，所以锋的上面是暖气团，下面是冷气团。锋与地面的交线称为锋线。

图 2-4-4 是暖锋天气时暖气团前进的剖面图。我国东部广大地区受季风环流影响。从图上可以看出，夏季来自低纬热带海洋的暖气团温度较高，湿度较大，比较轻，来自北方的则相反，于是停留在低处

形成楔形（Ⅰ）。暖气团沿着冷气团的楔形向上滑动，在上升过程中逐渐冷却，析出降水，形成各种云，主要是雨层云，雨水就从锋面上降落，具有雨时长、雨区广的特点（Ⅱ）。我国江南春季常出现的"清明时节雨纷纷"现象，就是这种暖锋天气。在气团活动过程中，有时出现冷、暖气团"势均力敌"的"对峙"状况，导致锋的移动非常缓慢或很少移动，这种锋叫准静止锋。它的特点是降雨强度小，历时较长，常出现"霪雨霏霏，连日不开"的天气。江淮流域初夏出现的梅雨，就是准静止锋天气造成的。由于梅雨期变化甚大，锋面徘徊时间过长，降水过多，并出现暴雨，形成涝灾。锋面停留时间过短，或锋带跳到

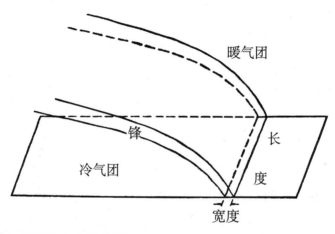

图 2-4-3　锋在空间状态的示意图

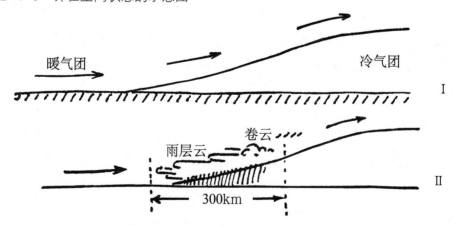

图 2-4-4　暖气团前进的剖面图
Ⅰ暖气团的移动　Ⅱ暖锋上的降雨

北方，则江淮少雨，出现干旱。

图2-4-5是冷锋天气时冷气团前进的剖面图。从图上可以看出，北方冷气团主动楔入南方暖气团之下缓慢前进时，锋面坡度比暖锋要大，云区与雨区范围比暖锋小，常常出现阵性降水（Ⅰ）。当冷气团快移前进时，在锋前产生强烈对流过程，形成对流性积云和积雨云，这种锋叫急进冷锋，常出现时间不长的狂风骤雨、雷电交加天气。在夏季并可能产生冰雹灾害（Ⅱ）。冷锋活动于我国绝大部分地区，冬半年尤为频繁，夏半年同样有它的活动，对我国东部的降水有重要意义。2012年7月21日北京遭遇61年来特大暴雨，就是冷暖气团对撞产生强烈对流天气造成的。

图2-4-6是山地焚风的示意图。在图上可以看到，假设山的东坡是高气压，西坡是低气压时，气流在从东向西运动的途中，遇到山岭的阻挡，空气在迎风的山坡上升，水汽凝结，温度就按湿绝热直减率（即0.5℃～0.6℃/100m）降低，并产生降雨；过山顶后，空气沿背风坡下降，而下降空气按干绝热直减率（即1℃/100m）增温。所以，过山气流中部分水汽凝结放出潜热，使温度增加，湿度降低，从山顶

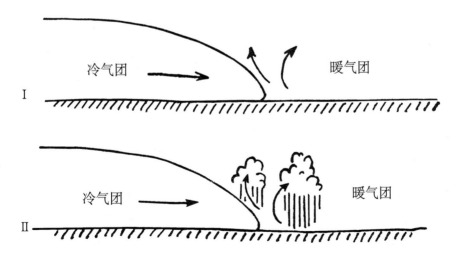

图2-4-5　冷气团前进的剖面图
Ⅰ表示风向　Ⅱ表示降水

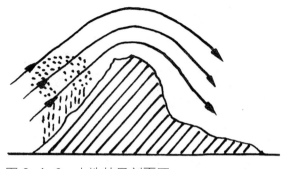

图 2-4-6　山地焚风剖面图

上吹下来的风是燥热无雨的风，叫做焚风。我国西南山区焚风和地形雨最为显著。掌握这些天气现象很重要，以后你在野外写生中就会明白，山地不同高度和坡向上气温、降水量、植被、土壤类型等之所以有差别，年降水量在地区分布和季节分配上之所以不均匀，无不与这些天气现象有关。有了这些基本的地理知识，你描绘的素描就不会犯时、空错乱的错误。

（二）陆地水

地球上的水在太阳辐射能的作用下，在水圈、大气圈、岩石圈、生物圈和土壤圈中通过各种途径时刻都在循环运动。陆地水因空间分布而不同，可分为地表水和地下水。

1．地表水

地表水包括江河水、湖泊水、沼泽水、土壤水、冰雪水。其中河水的补给来源是雨水、冰雪和地下水。

图 2-4-7 是地球上水文循环示意图。在图上可以看出，海洋水通

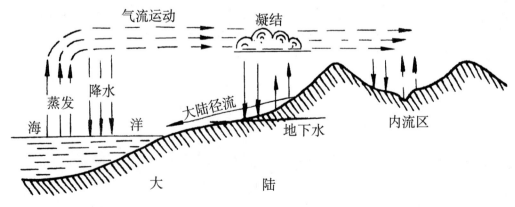

图 2-4-7　地球上水文循环示意图

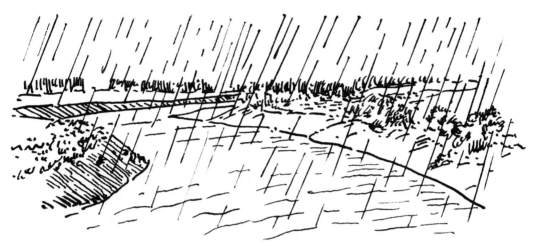

图 2-4-8　雨水补给江河

过蒸发、凝结被气流带到大陆上空，以大气降水形式降落地表，汇注江河，回归海洋，这种往复循环的过程称为海陆间循环，又叫大循环；只在海洋领域内进行的称为海上内循环，又称小循环；被推进到内陆上空，再凝结降落，消耗于荒漠之中，不再返回海洋的称内陆循环。

　　图 2-4-8 是雨水补给江河的素描。在我国东部季风区，降水丰富，河流水量大，雨水补给占年径流量 70%～90%。

　　图 2-4-9 是地下水与江河补给关系示意图。在图上可以看出地下水补给情况比较复杂：Ⅰ地下水补给河流；Ⅱ河水补给地下水；Ⅲ河水与地

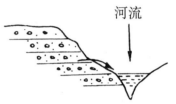

Ⅰ 地下水补给河流

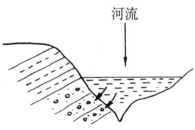

Ⅱ 河水补给地下水

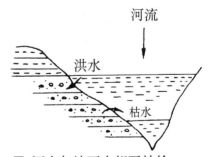

Ⅲ 河水与地下水相互补给

图 2-4-9　地下水与江河水补给关系示意图

下水相互补给。

图 2-4-10 是冰雪补给江河的素描。青藏高原的某些河流，天山、祁连山等山区河流，都是靠山上夏日冰雪消融水补给的河流。

图 2-4-10　冰雪补给江河

2. 地下水

地下水包括潜水、承压水、裂隙水、岩溶水。

图 2-4-11 是潜水的示意图。在图上可以看出地面以下第一个稳定隔水层（不透水层）以上含水层中的地下水，称为潜水。其上为非饱和带，接受降水补给。潜水有统一的自由水面，称为潜水面。潜水面因降水数量多少和季节变化、水位高低等而有升降变化，其埋藏深度因地而异。一般河、湖附近埋藏浅，山前地带埋藏深。

图 2-4-12 是承压水的示意图。在图上可以看出地下水充满上、下两个隔水层之间的含水层，并承受一定压力的地下水，称为承压水。若钻孔打穿上覆不透水层，承压水因水头压力而升到地表以上或自行喷出，又叫自流井或喷泉（图 2-4-13）。承压水多见于向斜构造、盆地地貌。四川盆地、山东淄博盆地等都属于承压水盆地，济南

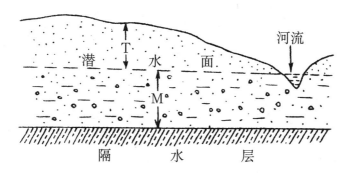

图 2-4-11 潜水面与含水层示意图

T 潜水埋藏深度 M 含水层厚度

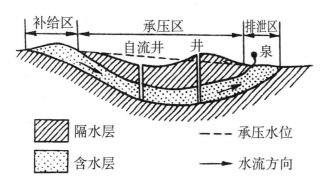

图 2-4-12 承压水结构示意图

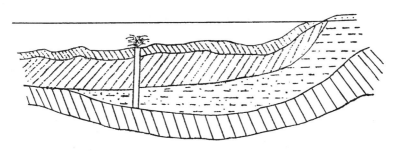

图 2-4-13 自流井示意图

有泉城之称，就是由承压水构造形成的。[10、11] 详见济南泉水的分布（图 2-4-14）和泉水成因图解（图 2-4-15）。

图 2-4-16 是岩溶水的示意图。在图上可以看出，在大面积石灰岩地区，岩溶作用形成溶洞和地下通道，地面河流往往经地面溶洞潜

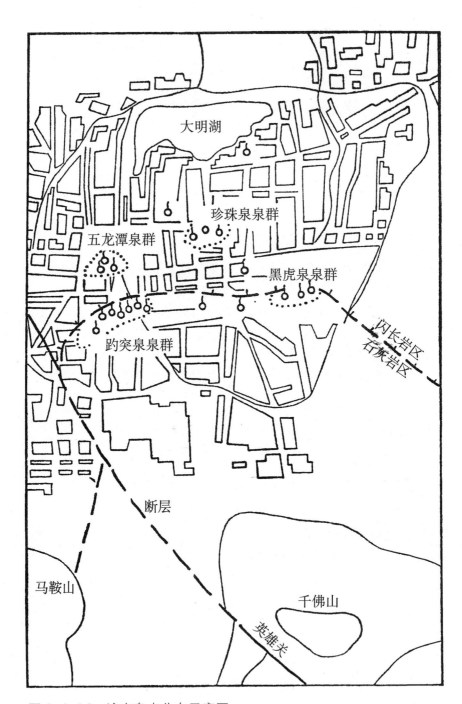

图 2-4-14　济南泉水分布示意图

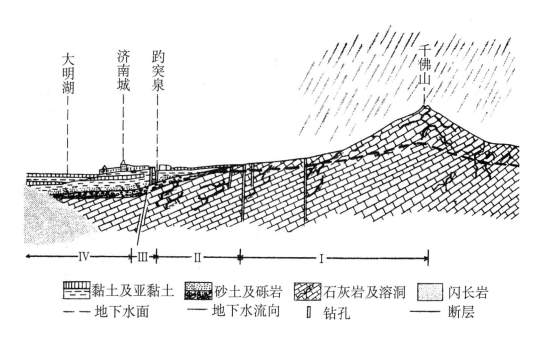

图 2-4-15　济南泉水成因图解
Ⅰ 补给区　Ⅱ 承压区　Ⅲ 明显的泄水区　Ⅳ 隐蔽的泄水区

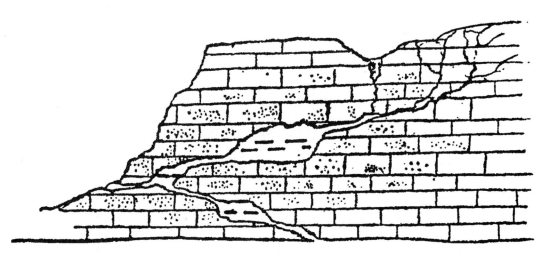

图 2-4-16　岩溶水示意图

入地下成暗河、暗湖，这些集聚在岩溶体内的地下水，称为岩溶水，以我国西南岩溶地区分布最广。

　　图2-4-17是裂隙水的示意图。在图上可以看出，存在于岩石裂隙中的地下水，可为上层滞水，也可为潜水或承压水。在主要为基岩分布的地区，除岩溶水外，它是一种主要可供利用的地下水。

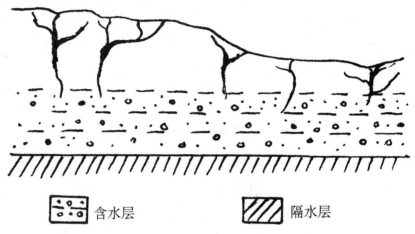

□·· 含水层　　　　　▨ 隔水层

图2-4-17　裂隙水示意图

▍五、植物和动物的素描

　　植物和动物统称为生物。它们的存在与自然环境有密切的联系，彼此之间生死相依，共同生活在一起，形成有一定种类成分、外貌和结构的生物群落。动物吸收植物所制造的现成有机物质，赖植物而生存，其数量远不如植物多，所以通常用"植被"（植物群落在地表上覆盖的简称）来表示生物群落。由于天然植被能反映气候、构造、岩性、土壤和水分条件，植物的描绘在自然景观素描中占有重要的地位。例如，我国东部季风区天然林的分布呈明显的纬度地带性分化，反映热量和水分（特别是热量）的南北差异显著（图2-5-1）。温带

寒温带落叶针叶林
（大兴安岭的兴安落叶松林）

温带针叶、落叶阔叶混交林
（长白山的红松、紫椴、枫桦林）

暖温带落叶阔叶林
（太行山的辽东栎、桦、山杨林）

北亚热带常绿阔叶、落叶阔叶混交林
（大别山的栓皮栎、青冈栎、山毛榉林）

中亚热带常绿阔叶林
（南岭栲、栲树林及野蕉）

南亚热带半常绿季雨林
（湛江地区北部的高山榕、箭毒木、枧木林）

热带季雨林
（海南岛的青果榕、风车藤、青皮林）

热带雨林
（西双版纳的热带雨林）

图 2-5-1　我国东部季风区由北向南的森林景观

温带干草原
（呼伦贝尔高原上的羊草、中生杂类草草原）

温带森林草原
（松嫩平原上的五花草塘）

图 2-5-2　我国温带草原景观

的森林草原（或草甸草原）和干草原呈明显的经度地带性分化，反映水分的地域性差异大于热量的地域性差异（图 2-5-2）。[10] 新构造运动和某些重力作用也常常在植物的形态上得到反映，如四川绵阳赵家山地滑现象中马刀树下滑的素描（图 2-5-3）及醉汉林的存在就是例证；在相同气候条件下，岩溶地区的树木常顺暗河走向成带状分布。海州香薷可指示铜矿矿脉的存在；沿断层线生长某些树木的现象屡见不鲜；在页岩上能生长树木，而石灰岩上一般只有灌丛草类；

图 2-5-3　四川绵阳赵家山地滑现象中马刀树的下滑（张彭熹）

马尾松、茶树、杜鹃常分布在酸性土壤上；而柏树、蜈蚣草则生长在碱性土壤上；柳树喜湿，柽柳则生长在缺水的荒漠。在岩性和成土母质相同的山坡上，植被的垂直分布又明显地反映山体高度的影响。因此，在自然景观素描中，把植物当做指示性标志来说明植物与环境之间的依存关系绝不是偶然的。对植物描绘主要是植物群落，而不是植物的个体。应着重于植物的外貌，及不同植物在同一幅素描中的区别。在素描手法上，应力求概念化和图案化。

（一）乔木

描绘植物从乔木起手，因为乔木生命力强，树形高大挺拔，不畏风雪，给人一种坚强高尚、绿色环保的象征意义，所以在素描中出现最多。描绘乔木首先要研究树木特征，用植物形态学的观点去观察单树、丛树和森林，最好的时间是在秋天和冬天没有叶子的时候，去仔细观察树干、树枝的外形和姿态，掌握树木的"骨架"之后，在夏天描绘乔木时才能画出各种树林的特色。其次要明确表现的是阔叶、针叶的纯林还是混交林，是郁闭的还是稀疏的，是单层的还是多层的。再次要把握树木的季相，然后再下笔。如春树叶点点，夏树不露梢，秋树叶稀稀，冬树不点叶。此外，还可采用远景、中景和特写相结合的手法，既画出广阔空间植物群落的分布，又突出其中某些典型植物的存在。

1．阔叶树（林）

由常绿阔叶和落叶阔叶树种组成的群落，在我国分布广泛，树种组成和特征差异很大。素描时，为了节约时间，可以不问是何树种，只要画出各类树林外貌及不同植物在同一画面的区别即可。

图 2-5-4 是单株阔叶树的素描。其画法是先画一大体的几何轮廓，把骨架搭起来，再画小枝和树冠。然后用曲线表示树叶分布状态，用疏密有致的线条表示因光照不同产生的光亮面和阴影面，显示植物

图 2-5-4　单株的阔叶树素描

的立体感。

图 2-5-5 是几种无叶和有叶阔叶树的素描。阔叶树总的特点是树干较粗大，树冠较宽，树枝分出有远有近，但不同树种也各有自己的个性。应运用线条的变化把其外形、姿势表示出来。

图 2-5-6 是一排阔叶树的素描。画时应注意透视原则的要求，同高的阔叶树距离愈

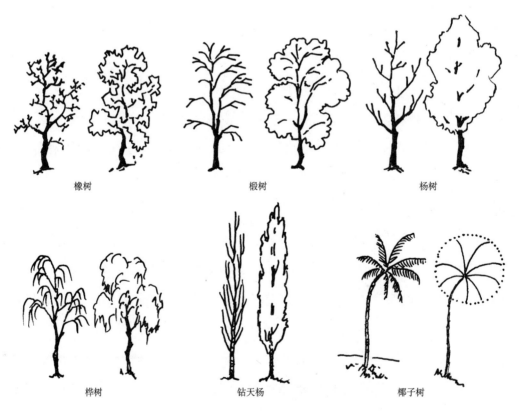

橡树　　　　　　　椴树　　　　　　　杨树

桦树　　　　　　钻天杨　　　　　　椰子树

图 2-5-5　几种无叶和有叶的阔叶树式（包洛文金）

远表示愈小，最后消失在视平线上。

图 2-5-7 是远处阔叶树的素描。远树无枝，画树的远景，可以用几条竖的线条和树丛轮廓表示，涂以一片弧线和点即可，让人看了有一种蒙蒙眬眬、望之不尽的感觉。

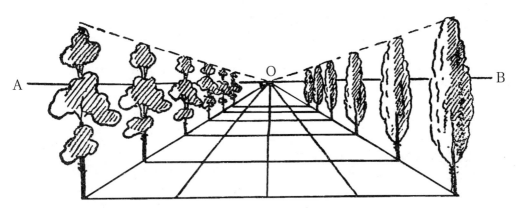

图 2-5-6　一排的阔叶树

图 2-5-7　远处的阔叶树

图 2-5-8 是阔叶树不同林相的表示法。Ⅰ郁闭阔叶树林的山坡；Ⅱ落叶林的季节变化——夏季和冬季；Ⅲ裸露的山坡和荫蔽的山坡。

图 2-5-9、10 是两幅把阔叶树与地形结合起来的素描。前者以山麓椰林为前景，衬托耸立在远处的七仙岭。后者右前方是环湖路，中央是菱洲至解放门的大堤，远处是南京市区和紫金山。注意各种树林和建筑物用笔简练有力，侧影衬托鲜明，植物与地形元素相结合，给人一种山川秀美的感觉，使画面富有生机和灵气。

图 2-5-8　阔叶树不同林相的表示方法（茵荷夫）

图 2-5-9　海南岛七仙岭景观

图 2-5-10　南京玄武湖和紫金山

2．针叶树（林）

针叶树有云杉、冷杉、铁杉、落叶松、雪松、油松、黑松、马尾松等属的种类。其中由云杉、冷杉组成的针叶树林称阴暗针叶林；由落叶松组成的针叶林称明亮针叶林。画针叶树林时，其图案化特征比阔叶树林更突出，只要画出树干圆锥形的骨架，就不难点缀成不同树龄的体态了。

图 2-5-11 是单株云杉的素描。要正确描绘云杉，必须善于解剖云杉，抓住其树干和轮生树枝的结构特征，特别是不要忽视不同树龄云杉之间轮生树枝的特性。[22] 比较图 2-5-11 中的云杉就会明白它们的不同。其中，在幼年云杉树上，可以看出它的树干高而笔直，轮生树枝一部分已发育完成，一部分还未发育；轮生树枝彼此之间相距较大，因有些新生长树枝被遮蔽枯死；各个轮生树枝还年轻，几乎没有下垂现象（Ⅰ）。壮年云杉的树干较粗壮，轮生枝几乎从树干底部一直长到树梢（Ⅱ）。成年云杉的树干高大挺拔，但沉重的轮生树枝下

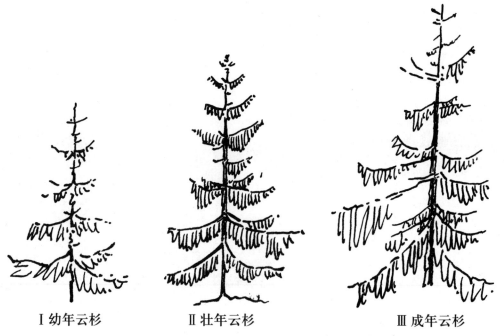

Ⅰ幼年云杉　　　　　Ⅱ壮年云杉　　　　　　　Ⅲ成年云杉

图 2-5-11　单株的云杉

垂明显（Ⅲ）。

图 2-5-12 是几种无叶和有叶的针叶树与雪松和黑松的素描。画面上可以清楚地看出它们形状和姿态的区别。

图 2-5-13 是近处和远处云杉林的素描。无论描绘近处或远处云杉林，都不能失去上部成尖齿状的外貌特点，同时必须用晕纹线表示。近处可选几株树较仔细地描绘，因可以看清轮生树枝和下垂树枝，可用较复杂的晕纹线来表示云杉高而细的树干和下边较粗而长、上边较细且短的树枝（Ⅰ）。远处的云杉林不论是分散的还是成行的，不能分辨细节，轮廓总是很模糊，可用简单的斜线或晕纹线表示（Ⅱ）。

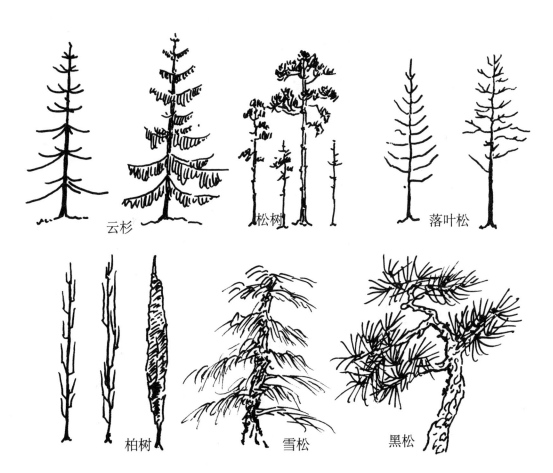

云杉　　　松树　　　落叶松

柏树　　　雪松　　　黑松

图 2-5-12　几种无叶和有叶的针叶树与雪松、黑松（针叶树的图式据包洛文金）

　　图 2-5-14 是单株松树的素描。松树对阳光和土壤的要求与云杉完全不同，所以形成不同的外貌。生长在开旷地方的松树，不仅有粗大的树干、较粗的树枝，而且由于争取阳光，树梢向宽处发展呈伞形。描绘松树的步骤是，先在纸上布置画面，拟定树干和树冠高度，再描绘它们的轮廓，最后详细描绘和加上晕纹线。

Ⅰ 近处

Ⅱ 远处

图 2-5-13　近处和远处的云杉林

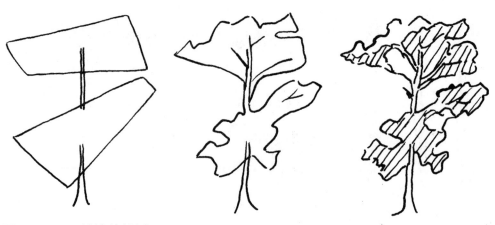

图 2-5-14　单株的松树

图 2-5-15 是成片松林的素
描。由于每一株松树都要和邻近
松树争夺阳光，一些就迅速向上
生长，另一些则被遮蔽趋于死亡。
结果松林中有些高大的松树开枝
散叶发育茂盛的树冠，耸立在其
他树冠之上，成"占优势的"松
树（甲）；在它旁边有些树干细而
高，树冠发育较差，成"受压迫
的"松树（乙和丙）；还有一些树
干很细，树冠发育很弱，将要死
亡，没有绿色针叶的松树（丁）。
说明松树的形态因其所处位置的
不同也有差异。

图 2-5-15　成片的松林
甲　　　"占优势的"松树
乙和丙　"受压迫的"松树
丁　　　将要死亡的松树

I 近处

II 远处

图 2-5-16　近处和远处的松林

图 2-5-16 是近处和
远处松林的素描。近处松
林的轮廓和树干清晰可见
（I）。远处松林的轮廓形
态与松树的侧面图近似。
其植株是幽暗一团，上面
有不规则、稀疏、大小不
同的圆齿，下面往往可看
到直立的树干。至于晕纹
的运用，树干用垂直晕
纹，树冠用普通的斜条或

特种晕纹均可（Ⅱ）。

图 2-5-17 是冬季落叶松的素描。落叶松在夏天呈明亮悦目的鲜绿色，它与其他针叶林的区别，在于它冬季要落叶。因此，它在外貌上的特征，一是在冬季没有针叶；二是特殊的轮生树枝上承不住积雪，树枝不像云杉那样向下弯曲，而是自由地向各方面伸出，上层树枝甚至向上弯曲。

图 2-5-18 是近处和远处落叶松的素描。冬季的落叶松，不论近处还是在远方都能很清楚地保持着它的特征。

图 2-5-19 是大兴安岭山地森林景观。东北地区是我国森林分布面积最广、木材蓄积量最多的地区。大小兴安岭和长白山是我国第一大林区，主要分布有针叶林、针叶—落叶阔叶混交林。[12]

图 2-5-17　冬季的落叶松林（包洛文金）

（二）灌木

在干旱的荒漠、半荒漠和高山无林地区，常生长着极富特征的灌木和半灌木。它们往往成群或呈带状分布，也有丛生成零散点状分布的。描绘灌木首先要仔细观察植物的性质，再从远处画这些植物群落。画灌木和半灌木的技法与画阔叶树一样，要画得曲折灵巧、婀娜有趣。行笔宜柔中带刚，有弹性，拙中有巧，像图 2-5-20、21、22 那样描绘。

图 2-5-18　近处和远处的落叶松（包洛文金）

图 2-5-19　大兴安岭山地的森林景观（见不到基岩出露）（金京模）

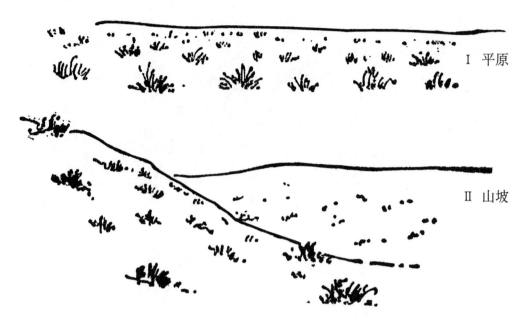

图 2-5-20　平原和山坡上的灌木

图 2-5-21　沿山谷生长的灌木

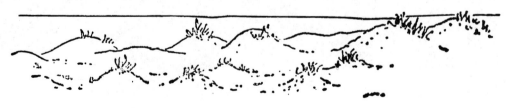

图 2-5-22　滨海平原沙丘上的灌木

（三）草

草泛指多年生禾草和非禾草等草本植物群落，可分为陆生（如草原、草甸）与水生（如沼泽生的）草本群落两大类。草是更小的植物对象，但也具有其自身的特征。草原、草甸从高大的禾本科植物到苔藓、地衣，有很多层次；而沼泽中的草类多形成矮丛草墩，组成种种不同的图案。对一般草本植物的描绘，要采用能够清楚表达出这种植物类型的那种线条，同时注意不要紧接在一起，要有间隔，保持稀疏的距离，见图 2-5-23、24、25 三个样例。

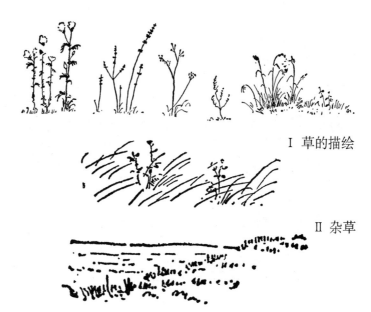

Ⅰ 草的描绘

Ⅱ 杂草

Ⅲ 远处的草

图 2-5-23　陆生草本植物的表示方法

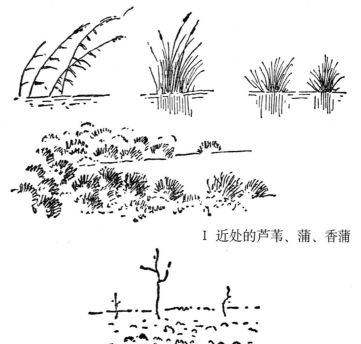

Ⅰ 近处的芦苇、蒲、香蒲

Ⅱ 远处一簇一簇的香蒲

图 2-5-24　水生草本植物的表示方法

图 2-5-25　新疆塔里木河沿岸的乔木、芦苇和水生植物（斯文赫定）

（四）动物

动物生长的场所非常广泛，包括了所有气候带，因而具有多种多样的生态特征。例如，温带草原动物，有敏感、善跑的能力，如羚羊、野驴、野马等；热带森林的植物层繁茂稠密，几乎无法通行，同时终年有大量植物供动物食用，所以多是一些大动物，如大象、河马、犀牛等。又由于林内高温潮湿，爬行类、两栖类及昆虫种类多，营树栖攀援生活和食果性的灵长目动物——猴子、松鼠科动物特别繁盛。不同动物的习性和所处状态各异。兽类中有走、有跑、有驮，有单只，有成群。而禽鸟类中也有飞、有栖。因此，画动物最重要的技巧，就是要抓住它的形体特征。拿画农村常见的水牛来说，水牛的一对角极具特征，且相对来说身体较大，头较小，这又是一大特征，所以容易画得像。相反的，狗的种类很多，特征不大突出，大家又很熟悉，最难画，故有"画兽莫画犬，一画便出丑"之说。在自然景观素描中，描绘动物不是主要形式，在大多数情况下，它只作为点景物的形式出现，这个问题后面还要讲，这里只列举我国常见的一些动物线描图供参考。

　　图 2-5-26 是常见的牲畜、家禽。如马、驴、水牛、黄牛、奶牛、山羊、绵羊、猪、狗、大象、骆驼、鸡、鹅、鸭等。

图 2-5-26　常见的牲畜、家禽（据李渔等的图改绘）

图 2-5-27、28 是青藏高原的珍稀哺乳类动物与鸟类飞禽。其中包括：①仅限于我国境内的珍稀特有种，如金丝猴、小熊猫、大熊猫、藏

图 2-5-27　青藏高原的珍稀哺乳动物（据王申裕彩图改绘）

斑头雁　藏雪鸡　黑颈鹤　藏马鸡

藏黄雀　棕尾红雉　长嘴百灵　火尾太阳鸟

图 2-5-28　青藏高原的珍稀鸟类飞禽（据王申裕彩图改绘）

马鸡等等。②青藏高原特有种，如黑唇鼠兔、格氏鼠兔、高原兔、喜马拉雅旱獭、藏狐、野牦牛、藏野驴、藏羚、藏原羚、白唇鹿、斑头雁、黑颈鹤、藏雪鸡、藏黄雀等。③分布范围较广，但目前数量非常少（甚至处于濒危状态）的物种，如虎、云豹、金钱豹、雪豹、棕尾红雉等。④分布在国内非常狭窄，而种群数量十分有限的种类，如长尾叶猴等。⑤具有科研与展出价值，或有较高经济意义的种类，如猕猴、熊猴、石貂、麝、岩羊、盘羊、长嘴百灵、火尾太阳鸟等。

六、土壤剖面的素描

　　土壤是人类赖以生存的自然资源，自然环境的组成部分。土壤是指星球表面经过物理、化学作用形成的可以孕育生命的疏松的物质，由地表向下直至成土母质的纵切面若干土壤发生层构成。*土壤作为地

---

* 土壤的内涵早先总是与农业联系在一起，强调土壤的本质是肥力。工业革命以来，土壤在生态环境中的作用愈来愈重要，与此同时，星球地质学家把星球表面的疏松物质通称为土壤，水文学家把水下底泥也称为土壤。为了把土壤放在整个自然界中去认识，龚子同教授主张扩大土壤的内涵，让土壤科学有更广阔的发挥作用的空间。

球表层生态系统的核心，大气圈、水圈、生物圈和岩石圈物质和能量交换的枢纽，不仅有生产粮食、纤维和林产品的功能，还有缓冲过滤功能、动植物栖息地和基因库功能、自然景观和文化遗产档案功能、原材料来源功能和建设承载功能等，与我们的生活息息相关。与地貌、动植物相比，土壤的确不怎么直观、美妙和奇特，加上土壤学科比较年轻，土壤素描工作的宣传、推介不够，以致给人造成土壤显示度差、缺少美感的印象。其实在我国早就把土壤尊称为母亲，认为人亲土更亲，形成深厚的"乡土"情结。自 20 世纪 70 年代开始，土壤在粮食安全、持续发展和全球气候变化中的重要性已经成为各国的共识，联合国提出"拯救土壤，就是拯救人类"。适宜于广泛传播土壤知识，形象说明科学问题的土壤素描，也越来越被人认可和接受。如果将土壤素描与电子计算机、绘图机等新技术结合起来，土壤素描的内容和表达形式将更加丰富多彩，生动有趣。

（一）土壤块状图

它是假想从地表面切割一块下来，从高处鸟瞰并运用透视原理绘制成图，不仅可以表示地表起伏及其他要素，而且还可看出地下土壤发生层和母质、母岩等。

图 2-6-1 是祁连山—居延海间含盐风化壳盐分的地球化学分异素

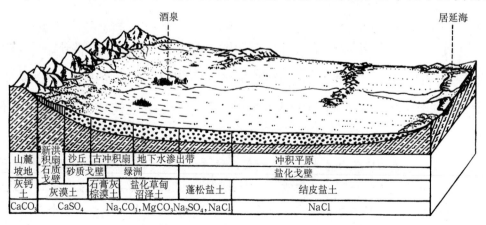

图 2-6-1　祁连山—居延海间含盐风化壳盐分的地球化学分异

描，从剥蚀山坡以下到居延海湖区，首先出现山麓洪积扇上的石质戈壁，其次是冲积洪积平原上的沙丘、砂质戈壁和土质平地，土质平地往往被开发为绿洲，进入冲积平原则为大片盐化戈壁。相应地，土壤类型、盐分组成也呈有规律分布。这幅素描抓住荒漠中沙、砾、土的来源与剥蚀、搬运、堆积的内在联系，显示出地质、地貌格局明显影响现代沙漠、戈壁的规律性分布，并进而决定土壤及其盐分组成的性质。

图 2-6-2 是不同性质岩层上土壤景观变化的素描。从画面可看出，不同性质岩层发育土壤的性质是一样的。泥岩或页岩岩性软弱易风化，地形较平缓，发育的土壤土层较厚，土壤湿度较大，多生长乔木；而石灰岩发育的土壤土层较薄，质地黏细，较为紧实，易缺水受旱，以生长灌木草类为主。素描时，应突出地面植物的外形及其区分。

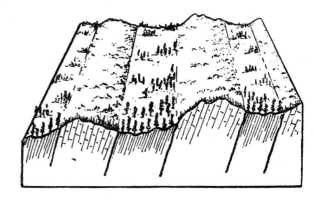

图 2-6-2　不同性质岩层上土壤景观的变化

图 2-6-3 是酸碱性两种不同性质土壤交错插花分布的素描。在湖南衡阳盆地常可见白垩纪和老第三纪的石灰岩、紫色砂岩和砂页岩被第四纪红色黏土所覆盖。当红色黏土遭侵蚀之后，不同时期岩层形成的土壤成岛状出露地表，呈插花

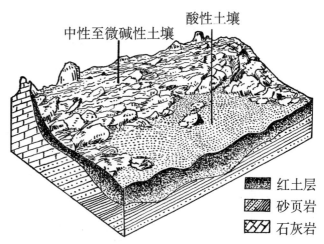

中性至微碱性土壤　　　酸性土壤

红土层
砂页岩
石灰岩

图 2-6-3　酸碱性两种不同性质土壤的交错插花分布

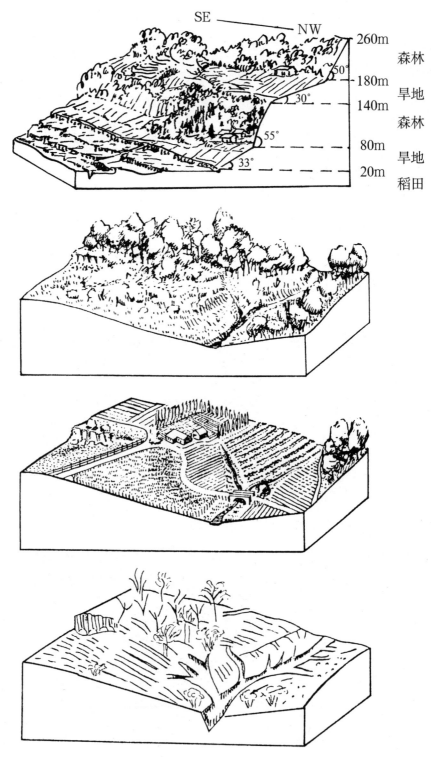

图 2-6-4　丘陵区地表覆盖类型的表示方法

分布。由于白垩纪和老第三纪石灰岩、紫色砂岩和砂页岩呈中性至微碱性反应，养分丰富；第四纪红色黏土呈酸性反应，养分较低。如果认识不到这种微域分布的差异，就做不到因地制宜、看土种植和合理施肥。

图 2-6-4 是丘陵区地表覆盖类型的素描。由于所在地方情况的不同，所以要用不同性质的植被与晕纹表达不同土壤利用状况。

图 2-6-5 是湖南长沙不同河谷盆地土地利用的素描。画面上显示三种不同河谷盆地中的生态环境、土地开发利用及其生产潜力的差别。

图 2-6-6 是海南岛东北部沙丘海岸类型的素描。其中Ⅰ表达海岸线方向垂直于向岸风向形成的沙丘；Ⅱ表达海岸线方向

Ⅰ丘陵河谷区

Ⅱ丘陵沟谷区

Ⅲ山区

图 2-6-5　湖南长沙不同河谷盆地的土地利用

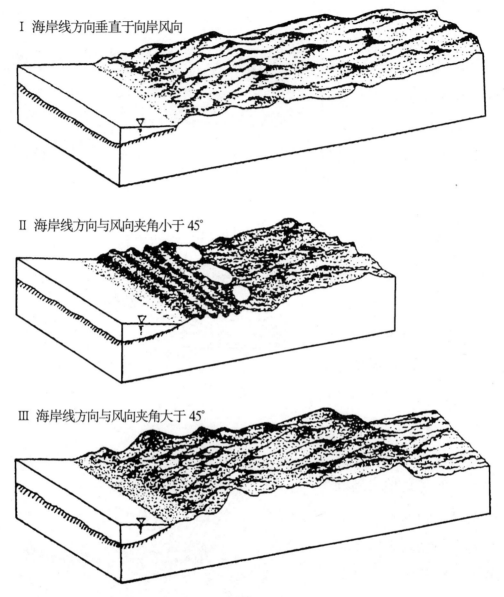

Ⅰ 海岸线方向垂直于向岸风向

Ⅱ 海岸线方向与风向夹角小于 45°

Ⅲ 海岸线方向与风向夹角大于 45°

图 2-6-6　海南岛东北部沙丘海岸类型图（吴正）

与风向夹角小于 45° 时的沙丘；Ⅲ表达海岸线方向与风向夹角大于 45°
的沙丘。

（二）土壤剖面图

土壤剖面指由地面向下直至母质的土壤垂直切面。修水利、筑路所挖出的纵切面也叫土壤剖面或自然断面。它由若干层次组成，以其不同的颜色、土壤质地、结构、松紧度及新生体等而区分。

　　图2-6-7至图2-6-10是我国几种主要红色风化壳的素描。这些图不仅表现了第四纪红色黏土、花岗岩、玄武岩和石灰岩上的地貌特征，而且清楚地表达出地面以下土壤的构型和发生土层的性态

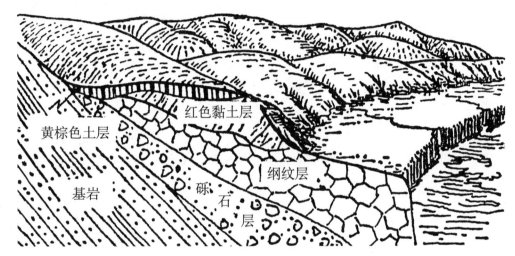

图2-6-7　第四纪红色黏土上的红色风化壳

图2-6-8　花岗岩发育的红色风化壳

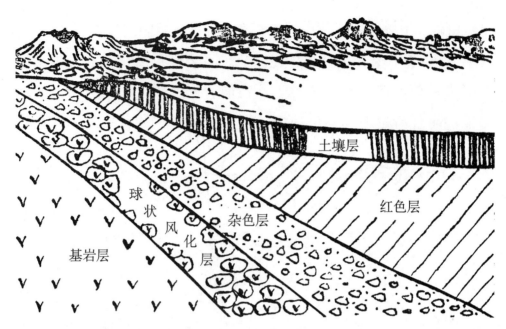

图 2-6-9　玄武岩发育的红色风化壳

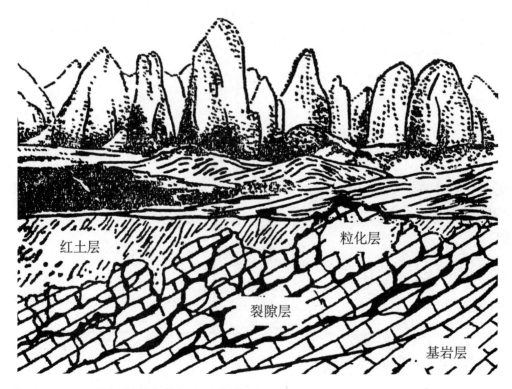

图 2-6-10　石灰岩发育的红色风化壳

特征。

　　图 2-6-11 是南京五塘村下蜀黄土剖面的素描。表达了这种松软粉砂质土状沉积物，具有深厚的土层、大孔隙和垂直劈理，干燥时较坚实，能保持直立土壁，遇水最容易分散，抗蚀能力很差。

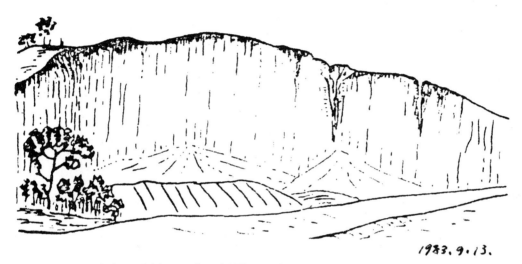

图 2-6-11　南京五塘村下蜀黄土剖面

　　图 2-6-12 是以诊断层、诊断特性为基础，定量化为特点的中国土壤系统分类 14 个土纲中，富铁土、淋溶土、雏形土剖面的素描。富铁土是在土表 125cm 内具有低活性的富铁层，主要相当于土壤发生分类中的红壤、黄壤、赤红壤和砖红壤中的一部分。淋溶土是土表 125cm 内具有黏粒含量明显高于上覆土层的黏化层，相当于黄棕壤、棕壤、暗棕壤、白浆土、棕色针叶林土、漂灰土中的一部分。雏形土无明显黏化，但有雏形层发育，分布十分广泛。从画面上可看到它们各自的发生层和性态特征。

　　图 2-6-13 是干旱土、均腐土、潜育土剖面的素描。干旱土具有干旱表层，其下至少有一个如盐积层、石膏层、钙积层等诊断表下层，主要相当于灰漠土、灰棕漠土、棕漠土、龟裂土中的一部分。均腐土具有暗沃表层和均腐殖质特性，相当于黑土、黑钙土中的一部分。潜

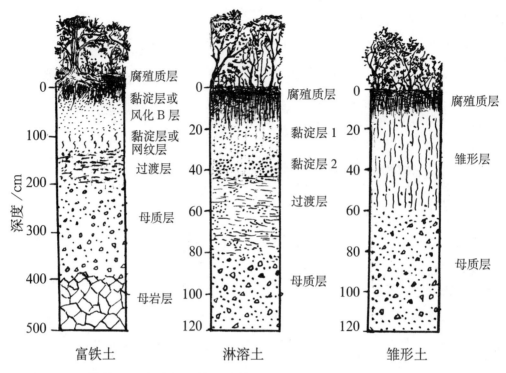

图 2-6-12 富铁土、淋溶土和雏形土的剖面

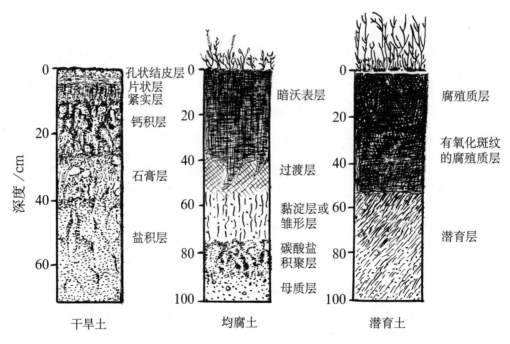

图 2-6-13 干旱土、均腐土和潜育土的剖面

育土是土表 50cm 内具有大于 10cm 潜育特征的土层，相当于潜育草甸土、沼泽土中的一部分。

图 2-6-14 是水耕人为土、土垫旱耕人为土剖面的素描。水耕人为土是具有水耕表层和水耕氧化还原层，相当于水稻土。土垫旱耕人为土是黄土高原长期施用土粪堆垫并进行耕作熟化作用，在原有的自然土壤（褐土）上形成堆垫表层的古老旱耕土壤，相当于壤土。

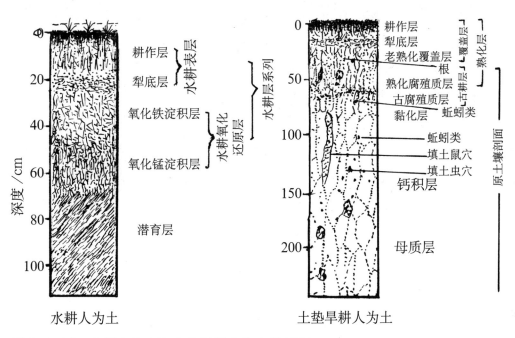

图 2-6-14 水耕人为土和土垫旱耕人为土的剖面

（三）土壤标本的详细描绘

对土壤大结构体、土壤薄片等特定的土壤形态和土壤现象的详细描绘，一般以特写居多。

图 2-6-15 是主要土壤结构的素描。在描绘土壤结构时，首先要抓住土壤结构体有立方体、棱柱状和板状的形态特征，再运用不同线条和晕纹形式仔细描绘结构体直径的长短及表面粗糙程度等性状的不同。

图 2-6-16、17 分别是土壤微结构与古土壤残留体的素描。描绘的方法是在厘米纸上蒙一张透明硫酸纸，接着确定土壤素描范围及物

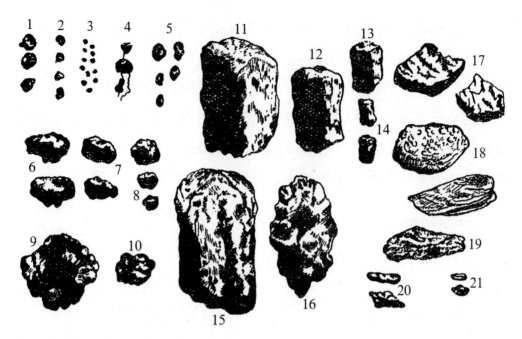

图 2-6-15　主要的土壤结构（郑家祥）

1.粗粒状结构，2.粒状结构，3.粉粒状结构，4.串珠状的土壤颗粒，5.团粒结构，6.大核状结构，7.核状结构，8.小核状结构，9.大块结构，10.块状结构，11.大棱柱状结构，12.棱柱状结构，13.小棱柱状结构，14.细棱柱状结构，15.柱状结构，16.似柱状结构，17.板状结构，18.片状结构，19.页状结构，20.粗鳞片状结构，21.细鳞片状结构

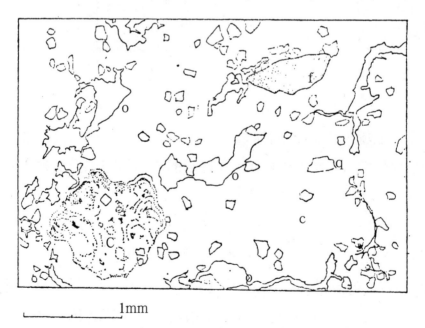

1mm

图 2-6-16　寒冻雏形土 B/C 层的微结构（西藏古错 4610m）（曹升赓）

C 碳酸钙结核　f 氢氧化铁凝块　q 矿物颗粒　c 细粉砂和黏土部分　o 空隙

体相对比例，对着显微镜进行描绘。也可以先拍摄成照片后，再在照片上蒙绘。

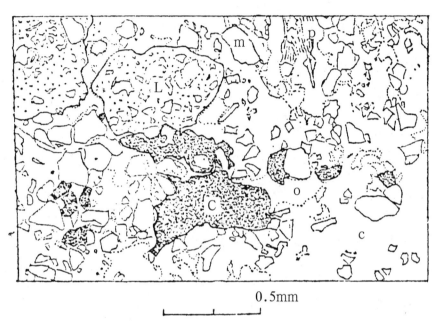

0.5mm

图 2-6-17　寒冻雏形土 A 层的垒结及古土壤残留体（西藏古错 4610m）（曹升赓）
C 铁染黏土　L 黏土、腐殖质及矿物颗粒凝块　m 矿物颗粒　p 植物残体　o 空隙
c 细粉砂和黏土部分

七、点景物的素描

一幅全景式自然景观素描画中，除了地貌、地质、植物等大的表现对象外，有时它的主题、画意和区域地理特点，往往是通过作品中一处不大起眼的小景致来体现的（图 2-2-48、57、60、70、71、72、73）。这种小景致称为"点景"。点景的内容很多，有人物、动物、车船、桥梁等点缀性景物，也可以是居民地、建筑、农田、防护林、水库、大坝等经济社会活动和改造自然的某些重大成就，但它们在画面中所占的地方很小，描绘时其外形、态势、意趣等均应切合题意，才能使画面更富有生活气息，更有生命力，甚至是体现作品主题的关键

所在。画点景物的技巧，一、应和自然现象联系起来说明它们之间的关系；二、应根据画面的需要和画面的布局来确定画什么、画在什么位置上，若选材、选位不当，反而会破坏画面的完整性，变成"画蛇添足"，那还不如不画；三、一般不需要画得过细，但要结构清楚，透视感良好。[18]

（一）居民地及建筑

主要是描绘城镇的轮廓、村落的范围，有时也画独立的房屋。我国广大农村四周一般都有树林，远远望去，只见林，不见屋。如果抓住这一特征，用它来反映村落的存在，既省笔墨，又具说服力，现以下列例图来说明。

图 2-7-1 是自江苏溧水城西阶地东望县城的素描。画面中近景和中景部分的居民地，采用侧视透视图形表示。用平行的透视线和平行于地平线的虚线表示农田的分布，并在画面中部和西部加画宝塔或工厂烟囱一两个方位物。[7]

图 2-7-2 是低山和河谷平原的素描。反映村落集中分布在山麓和高阶地下面的平谷。由于距离远，不能也没有必要把视野中所有居民地都收入画中，只能采用烘云托月的手法，把居民地周围的树木画出来，借以反映居民地的存在。

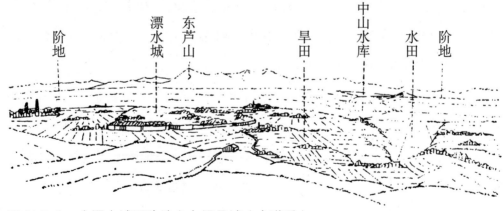

图 2-7-1　自溧水城西阶地上东望县城（金谨乐）

　　图 2-7-3 是陕北窑洞的素描。它以窑洞的存在，说明黄土具有直立的土力学特性；黄土高原的居民建筑利用这种特性，就地取材挖窑洞，使住所冬暖夏凉，适应当地暖温带半干旱的气候，形成一种独特的风情。

图 2-7-2　低山和河谷平原（包洛文金）

图 2-7-3　陕北窑洞

　　图 2-7-4 是点景建筑的示例。素描画中的点景建筑要画得精致。一般都隐蔽于树林中，有藏有露，有疏有密，错落有致。近处民居建筑要较高密，有形有势。远处则疏平，给人以蒙蒙眬眬的感觉。

图 2-7-4 建筑的示例（据殷斗、孙恩同山水画改绘）
Ⅰ 江南民居、塔和亭 Ⅱ 四川民居 Ⅲ 西北民居 Ⅳ 山城

（二）农田及防护林

农田及防护林带（网）主要分布在江、海、河、湖形成的平地，丘陵、低山坡地上也有一定分布。它们可以说明土地利用程度、大地园田化和造林绿化的成就。

图 2-7-5 是田野里耕地的素描。描绘的要点是用平行线向视点消失的线束来表示畦列；配合线的粗细疏密来表达景深。远景线条要疏而不空，近景线条要密而不乱，才能使景深表现明显。

图 2-7-6 是丘陵、低山坡地上耕地和果园的素描。耕地和果园依

图 2-7-5　田野里的耕地（茵荷夫）

图 2-7-6　丘陵低山坡地上的耕地和果园（茵荷夫）

地形特点而开垦种植。

　　图 2-7-7 是云南元阳县夕阳下哈尼梯田的素描。元阳地处哀牢山南部高山峡谷，生存空间有限。人们借助这些地方雨水较多的优势，

利用特有的山地地形，修堤筑埂，建造梯田，把终年不断的山泉溪涧水，通过水笕沟渠引进梯田。到了初春，梯田开始蓄水养田。一望无际的梯田重重叠叠，在明媚的阳光下，波光粼粼，无比壮观。落日余晖的色彩与田坂的线条交织出流动的光影，变幻出绮丽的色彩，简直就是一幅简朴秀丽的水墨画。我国多山，各地都有不少有名的梯田，如桂林龙脊的梯田（图 1-1-6），黄土高原的梯田（图 2-2-79），从山顶俯瞰，梯田真是美如画。画梯田时，可以把它们看作是顺等高线和顺山坡线两组线的交织，并特别注意每个田块转折坡的画法。

图 2-7-7　云南元阳县夕阳下的哈尼梯田

图 2-7-8 是珠江三角洲围田的素描。在河口三角洲地区，长期同洪、涝斗争，不断筑堤围垸而形成围田。洞庭湖和江苏里下河等湖荡地区，由于长期的人为改造，不断挖泥垫高，形成了一条条的条田或垛田，其上种植着各种旱作物。

图 2-7-9 是农田防护林带（网）的素描。描绘手法应以轮廓为主，完全没有必要去描绘它的细节。

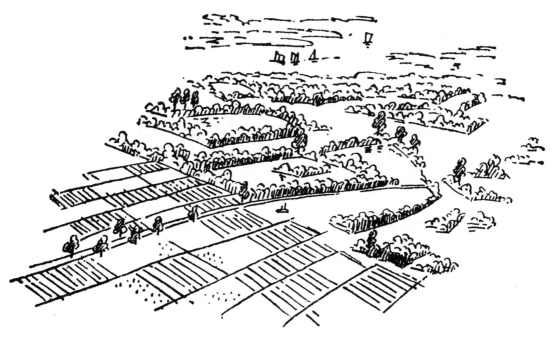

图 2-7-8 珠江三角洲的围田（金谨乐）

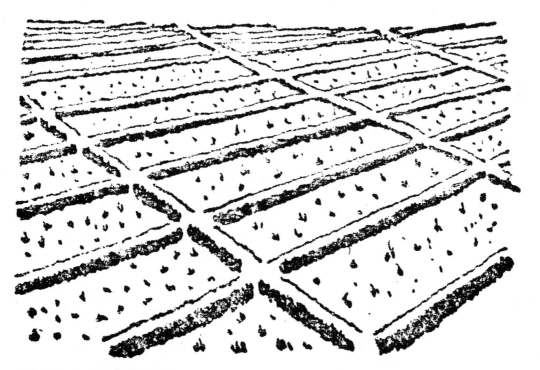

图 2-7-9 农田防护林网

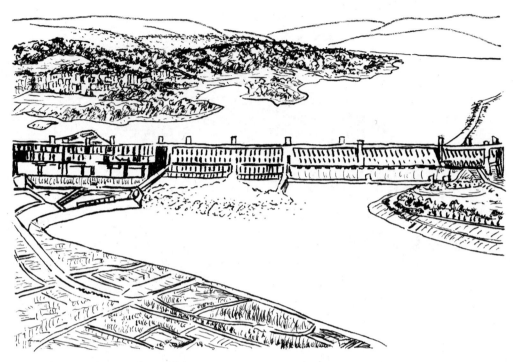

图 2-7-10　长江三峡水利枢纽

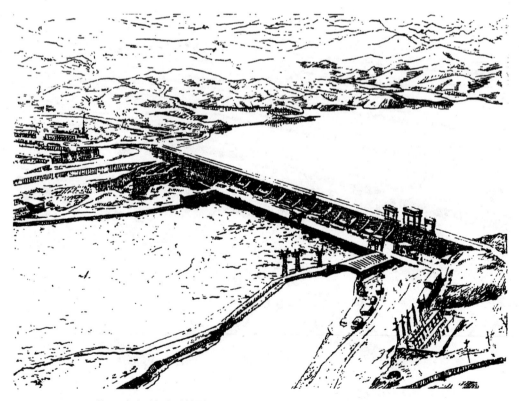

图 2-7-11　黄河青铜峡水利枢纽

（三）水库和大坝

水库、大坝等体现了经济社会建设的成就，可以作为自然景观素描中的特写来看待。图 2-7-10、11 是长江三峡水利枢纽和黄河青铜峡水利枢纽。反映 20 世纪和 21 世纪初我国在生态环境与水利建设方面的巨大成就。

（四）车、船及桥梁

作为素描画中点景要素一部分的车、船、桥梁，只能示意表示，不能详细描绘，过分详细了，难免成为机械的写景，不符合自然景观素描的要求。

图 2-7-12　车辆、车站、桥梁的示例（孙恩同）

车、船、桥梁的种类很多，画法也很丰富。其描绘的要点是车样、船型要随时代的变化而变化。画舟、船要注意轻浮，不能重载，办法是画清楚船的帆，船身画虚一些，或者帆大于船，船自浮动；不同水面画不同的舟、船，大船不能画在小河里。画车辆的道理也相同。画桥梁要随河流水面宽窄而变化。图2-7-12是画汽车、火车、小车站和桥梁的示例。图2-7-13是画帆船、泊船、渔艇、渡船和码头的示例。

图2-7-13　舟船、码头的示例（殷斗、孙恩同）

（五）人物

画点景人物，其神、貌、态、势、意均应符合题意，只有这样才能起到画龙点睛的作用，否则还真成为画蛇添足之举，同时要记住"尺马豆人，远人无目"的要点。图2-7-14是画人物的示例。

（六）动物

点景的马、牛、骆驼、麋鹿及禽鸟在素描画幅中所占的位置是很小很小的，然而它们却往往关系到画题和画意。那么，这些细微小物

图 2-7-14　点景人物的示例 (陈洙龙等)

应怎样画呢？首先，要理解画面的意、境、态、势，决定画马，还是画牛、骆驼、麋鹿或禽鸟，画多少，通常旅行题材要画马、骆驼、麋鹿，放牧题材就要画牛、羊；其次，就是画在什么地方；第三，才是具体的画法。

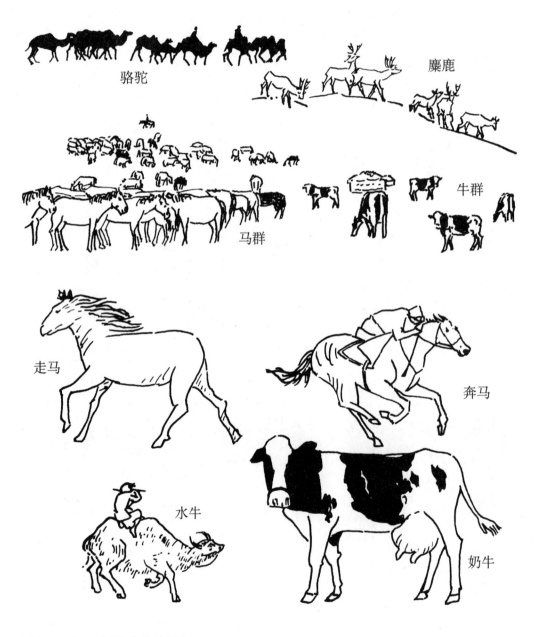

图 2-7-15　点景动物的示例

　　图 2-7-15 是画点景动物的示例。画马，有走，有跑，有驮，有群马等，因是点景之物，故仅抓住其大势即可，不必太具体。当然画群马时，还要注意疏密错落。画牛，要抓住牛的形体特征，在植物和动物的素描一节已讲过，水牛最吸引眼球的特征是有一对大角和体大头小。荷兰奶牛的特征也很突出，身上有黑白分明的斑块，硕大的乳房，容易画得像。

　　图 2-7-16 是画禽鸟的示例。画禽鸟，有栖，有飞，但在素描画中为取得动感，往往画几只禽鸟，就能使画面增添生意和灵趣。

图 2-7-16　点景禽鸟的示例

主要参考文献

[1] 陈述彭. 地景素描法. 北京：地质出版社，1958. 11～91、111～209、233、237、241～247 页

[2] 张彭熹. 野外地质素描法. 北京：地质出版社，1958. 4～25、27～48 页

[3] 郑家祥. 土壤地理. 上海：新知识出版社，1958. 69、148～184 页

[4] 蓝淇锋、宋姚生、丁民雄等. 野外地质素描. 北京：地质出版社，1979.

[5] 李尚宽. 素描地质学. 北京：地质出版社，1980.

[6] 方如康. 我国的地形. 北京：商务印书馆，1980. 42、69 页

[7] 金谨乐、黄杏元. 地景素描与块状图的绘制原理和方法. 北京：测绘出版社，1983. 29～91、96～105 页

[8] 孙鼐、李旭旦、李海晨等. 地理学词典. 上海：上海辞书出版社，1983. 14、69～70、72、114、124、143、153、173、195、215、260～261、318、391、436～437、472～473、516、522、661～663、708～709、712～713、785 页

[9] 金京模. 地貌类型图说. 北京：科学出版社，1984. 23、30、231 页

[10] 焦北辰、刘明光主编. 中国自然地理图集. 北京：地图出版社，1984. 90、113、154 页

[11] 曾昭璇. 中国的地形. 广州：广东科技出版社，1985. 31、155、284 页

[12] 雍万里主编. 地理. 北京：高等教育出版社，1986. 39～41、

65～66、91、106、117、122、319、342～343、397 页

[13]黄瑞系、周传槐．土壤的发生分类与资源评价．南京：江苏科学技术出版社，1986．295～320 页

[14]熊毅、李庆逵主编．中国土壤（第 2 版）．北京：科学出版社，1987．2～6、22、33 页

[15]陈鸿昭．野外素描．见赵其国、龚子同主编土壤地理研究法．北京：科学出版社，1989．145～161 页

[16]孙恩同．中国山水画教程．沈阳：辽宁美术出版社，1993．92、144、159 页

[17]李吉均、张林源．王德基教授论文与纪念文集．兰州：兰州大学出版社，1999．166、178、238～239 页

[18]陈洙龙．山水画技法要点问答．杭州：中国美术学院出版社，2003．27、40～43、75～76、86～88 页

[19]李渔．芥子园画谱．北京：人民美术出版社，2004．150、155～158 页

[20]孙鸿烈、张荣祖主编．中国生态环境建设地带性原理与实践．北京：科学出版社，2007．33～34、218 页

[21]薛星、靳振中、马贵觉主编．教您学山水画．太原：山西科学技术出版社，2007．36 页

[22]（苏联）包洛文金、刘迪生译．地理与素描．北京：人民教育出版社，1956．5～70、80～81、88、105～113、127～130 页

[23]（日本）高岛北海，傅抱石编译．写生要法．上海：上海人民美术出版社，1958．1～6、16～34、42、43、133 页

附录　引用中外学者素描图详注

（按原作者姓氏汉语拼音排序）

巴尔博

图 1-8-2　从不同角度取张家口的景．引自文献 1．133 页．原作采自巴尔博．张家口附近之地文

图 2-2-15　四川嘉陵江沿岸的方山．引自文献 1．170 页．原作采自巴尔博．扬子江地文发育史

图 2-2-37　长江上游沿岸阶地．引自文献 1．171 页．原作采自巴尔博．扬子江地文发育史

图 2-2-38　长江中游沿岸阶地．图Ⅰ、Ⅱ引自文献 1．172 页．原作采自巴尔博．扬子江地文发育史

图 2-2-43　西陵峡（原作叫崆岭峡）．引自文献 1．162 页．原作采自巴尔博．扬子江地文发育史

图 2-3-15　山西太谷附近的断层崖．引自文献 7．49 页

包洛文金

图 1-5-10　海岸的素描．采自文献 22．33 页

图 2-2-6　由冰冻风化作用所造成的花岗岩石块．采自文献 22．40 页

图 2-2-33　表现各种表面的晕纹．采自文献 22．26 页

图 2-2-46　湖泊（水库）静水面．采自文献 22．81 页

图 2-2-47　河、湖水面和天空．采自文献 22．110 页

图 2-2-48　江、湖水面上被微风吹起的涟漪．采自文献 22．111 页

图 2-2-49　江、河面上的波浪．采自文献 22．112 页

图 2-2-50 江、河、海中的急滩湍流. 采自文献 22. 112 页

图 2-5-5 几种无叶和有叶的阔叶树. 采自文献 22. 61～65 页

图 2-5-12 几种无叶和有叶的针叶树与雪松、黑松. 其中针叶树图
式采自文献 22. 55～65 页

图 2-5-17 冬季的落叶松林. 采自文献 22. 60 页

图 2-5-18 近处和远处的落叶松林. 采自文献 22. 69 页

图 2-7-2 低山和河谷平原. 采自文献 22. 70 页

北京大学地质地理系

图 2-2-34 北京西山地区板桥沟中的马兰阶地与横断面. 引自文献 7.
65 页

陈述彭

图 2-2-16 南京紫金山（原作叫猪脊岭）. 出处不详

图 2-2-20 广东湛江西南的湖光岩火口湖. 采自文献 1. 209 页

图 2-2-38 长江中游沿岸阶地. 其中Ⅲ采自文献 1. 172 页

图 2-2-83 云南路南石林. 出处不详

图 2-2-113 太行山南麓的洪积扇和冲积平原. 采自文献 1. 195 页

图 2-2-120 太湖西山飘渺峰北望湾里. 采自文献 1. 241 页

图 2-3-7 山西高原与沁河峡谷. 采自文献 1. 163 页

图 2-3-8 广东肇庆七星岩背斜. 采自文献 1. 202 页

陈洙龙

图 2-7-14 点景人物示例. 采自文献 18. 40 页

陈宗器

图 2-2-103　新疆罗布泊的雅丹地貌．采自陈宗器．罗布淖尔与罗布荒
　　　　　　原．地理学报，1936.3（1）

曹升赓

图 2-6-16　寒冻雏形土 B/C 层微结构．采自曹升赓，高以信．西藏高
　　　　　　原土壤多元发生的微形态研究．土壤学报．1981.18（1）

图 2-6-17　寒冻雏形土 A 层的垒结及古土壤残留体．采自曹升赓，
　　　　　　高以信．西藏高原土壤多元发生的微形态研究．土壤学
　　　　　　报，1981.18（1）

戴维斯

图 2-2-19　锥形火山和溢流的玄武岩．引自文献 1. 208 页．原作采
　　　　　　自罗柏克．地貌学．664～670 页

丁骕

图 2-2-39　新疆南部内陆河流的阶地．引自文献 1. 173 页．原作采
　　　　　　自丁骕．新疆考察记．20 页 20 图、13 页 13 图、10 页 8
　　　　　　图、14 页 15 图

方如康

图 2-3-4　　背斜成谷而向斜反成为山．引自文献 6. 132 页

高岛北海

图 2-2-7　　山体侵蚀后下半部变成坡地．采自文献 23. 42 页图 36 法

图 2-2-8　　左端坡地崩解后呈山峦状．采自文献 23. 43 页图 37 法

图 2-2-59　青海湖．引自文献 1．179 页．原作采自斯文赫定．亚洲腹地旅行记．卷 Ⅱ 1160 页

图 2-2-70　西藏达发哥黎拉的喇嘛寺．引自文献 1．242 页．原作采自斯文赫定．横断喜马拉雅．卷 Ⅲ 268 页图 105

图 2-2-71　西藏达发哥黎拉的村庄．引自文献 1．242 页．原作采自斯文赫定．横断喜马拉雅．卷 Ⅲ 268 页图 106

图 2-2-72　西藏苏特里吉河上的索桥．引自文献 1．243 页．原作采自斯文赫定．横断喜马拉雅．卷 Ⅲ 368 页图 138

图 2-2-73　西藏苏特里吉河上的滑索．引自文献 1．243 页．原作采自斯文赫定．横断喜马拉雅．卷 Ⅲ 368 页图 139

图 2-5-24　新疆塔里木河沿岸的乔木、芦苇和水生植物．引自文献 1．237 页．原作采自斯文赫定．亚洲腹地旅行记

蓝淇锋

图 1-5-12　湖北建始凉风槽的岩墙．采自文献 4

图 1-8-8　风蚀地貌的块面分割．采自文献 7．41 页

图 2-2-30　长城的素描．采自文献 4

图 2-2-41　瞿塘峡．采自文献 4

图 2-2-53　世界第一高峰——珠穆朗玛峰．采自文献 7．79 页

图 2-2-80　陕西泾河河曲．采自文献 4

图 2-2-86　广西漓江两岸岩溶地貌．采自文献 4

图 2-2-87　广西桂林岩溶地貌．采自文献 4

图 2-2-95　河西走廊地貌分带．采自文献 4

图 2-2-96　带状风蚀残丘和洼地景观．采自文献 4

图 2-2-98　甘肃酒泉北大河蛇曲．采自文献 4

图 2-2-99　新月形沙丘．采自文献 4

李承三

图 2-2-91　天山第二高峰——汗腾格里峰．引自文献 1．148 页．原作采自李承三．新疆北部边界考察报告

李尚宽

图 2-2-77　陕西中部黄土塬．采自文献 5

图 2-2-78　陕西中部黄土梁．采自文献 5

李渔

图 2-2-5　　"石分三面"的立体感．采自文献 19．74～75 页

图 2-5-26　常见的牲畜、家禽．采自文献 19．156～158 页

罗柏克

图 1-8-9　　几种几何体的透视作图．引自文献 1．197 页．原作采自罗柏克．块状图法（英文）

图 2-2-1　　内营力形成主要山地示意图．引自文献 1．203 页．原作采自罗柏克．地貌学（英文）．6 页

图 2-2-2　　外营力形成主要地貌示意图．引自文献 1．151 页．原作采自罗柏克．地理学（英文）

孙恩同

图 2-7-12　车辆、车站、桥梁的示例．采自文献 16．92 页

王德基

图 2-2-75　甘、青交界处黄土高原．引自文献 17．原作采自王德基．祁连山东段的古剥蚀面．兰州大学学报（自然科学

版）1983.19（3）：108～114 页

图 2-2-97　党河口西侧成层镶嵌洪积扇．引自文献 17．原作采自王
　　　　　　德基．甘肃河西地区草原调查综合报告．甘肃省育特牧厅
　　　　　　草原工作队铅印本．1965 年 12 月

图 2-2-100　腾格里沙漠南端沙丘叠置情况．引自文献 17．原作采自
　　　　　　王德基．腾格里沙漠东南部的自然景象．兰州大学 1959
　　　　　　年科学讨论会论文

图 2-3-1　大通河连城峡口横剖面．引自文献 17．原作采自王
　　　　　　德基．祁连山东段的古剥蚀面．兰州大学学报 1983.19
　　　　　　（3）：108～114 页

王申裕

图 2-5-27　青藏高原的珍稀哺乳动物．采自中国科学院地理研究所主
　　　　　　编．青藏高原地图集．科学出版社出版．1990．113 页

图 2-5-28　青藏高原的珍稀鸟类飞禽．采自中国科学院地理研究所主
　　　　　　编．青藏高原地图集．科学出版社．1990．113 页

吴正

图 2-6-6　海南岛东北部沙丘海岸类型图．采自吴正．中国沙漠与海
　　　　　　岸沙丘研究．科学出版社出版．1997．96 页图 7

谢凝高

图 2-2-85　路南石林"人物造型"．引自文献 11．155 页

熊毅

图 2-2-114　华北平原主体部分冲积扇地形的土壤纵切面．引自文献
　　　　　　14．33 页

杨怀仁

图 2-2-67　四川汶川白矣落西望岷江峡谷区羌人聚落．出处不详

殷斗

图 2-7-4　建筑的示例．引自文献 16．144 页；文献 21．36 页

图 2-7-13　舟船．码头的示例．引自文献 16．92 页 21．36 页

茵荷夫

图 1-1-2　自然景观的三种表示方法．引自文献 1．111 页．原作采自茵荷夫．地形与地图（德文）．1950．156 页 249 图

图 1-8-1　从不同方位和角度对同一条长岗取景的效果．引自文献 1．129 页．原作采自茵荷夫．地形与地图（德文）1950．30 页 38～41 图

图 2-5-8　阔叶树不同林相的表示方法．引自文献 1．233 页．原作采自茵荷夫．地形与地图（德文）．32 页

图 2-7-5　田野里的耕地．引自文献 1．247 页．原作采自罗柏克．块状图法．176 页 251 图

图 2-7-6　丘陵低山坡地上的耕地和果园．引自文献 1．247 页．原作采自茵荷夫．地形与地图．45～46 页 77～79 图

雍万里

图 2-3-16　山西汾河附近的断层崖三角面陡坎．引自文献 6．113 页

袁复礼

图 2-2-93　天山远景．引自文献 1．149 页．原作采自袁复礼．新疆天山北部山前拗褶带及准噶尔盆地陆含地质初步报告．地

质学报．1966．附图 6

张伯声

图 2-3-12 太白山断块地形示意图．引自文献 11．31 页

图 2-3-14 由华阴南望华山．引自文献 7．49 页

张彭熹

图 1-9-1 因本末倒置而未能突出白垩纪地层侵蚀面特征．采自文献 2．5 页

图 1-9-2 因增加作画背光部分线条而曲解地层现象．采自文献 2．5 页

图 2-2-106 阿尔金山其了克巴斯套盆地．采自文献 2．43 页

图 2-3-5 柴达木黄石弓形山背斜．采自文献 2．45 页

图 2-3-6 柴达木黄石构造第二高点．采自文献 2．45 页

图 2-3-10 柴达木大风山正断层．采自文献 2．44 页

图 2-3-11 柴达木黄石逆断层．采自文献 2．45 页

图 2-3-18 柴达木红三旱第三纪 Trh3 地层中的侵蚀间断．采自文献 2．46 页

图 2-3-19 柴达木红三旱第三纪 Trh3 地层的褶皱．采自文献 2．47 页

图 2-3-20 开平盆地南山寒武奥陶纪的分界．采自文献 2．47 页

图 2-3-21 竹叶状灰岩成因的素描．采自文献 2

图 2-5-3 四川绵阳赵家山地滑现象中马刀树的下滑．采自文献 2．48 页

张荣祖

图 2-2-74 山、陕黄河峡谷．引自文献 1．162 页．采自张荣祖，苏时雨．山峡之间的黄河峡谷．地理知识．1956 年第 4 期

郑家祥

图 2-6-15 主要的土壤结构．采自文献 3．69 页

作者不详

图 2-2-42 巫峡神女峰．引自文献 12

图 2-2-84 云南路林特写．引自文献 12

图 2-2-90 荒漠地区内陆盆地自然景观剖面．引自文献 20

图 2-2-107 昆明断陷盆地块状图．引自文献 10

图 2-4-15 济南泉水成因图解．引自文献 10

图 2-5-1   我国东部季风区由北向南的森林景观．引自文献 10

图 2-5-2   我国温带草原景观．引自文献 10

作者和出处均不详

图 2-2-79 黄土峁上的梯田

图 2-2-116 华北平原的园田

图书在版编目（CIP）数据

自然景观素描技法／陈鸿昭著 ． —北京：学苑出版社，
2013.2

ISBN 978-7-5077-4237-4

I. ①自… II. ①陈… III. ①自然地理－素描技法
IV. ① P98

中国版本图书馆 CIP 数据核字（2013）第 028358 号

出 版 人：孟　白
责任编辑：沈　萌
封面设计：海风书装
出版发行：学苑出版社
社　　　址：北京市丰台区南方庄 2 号院 1 号楼
邮政编码：100079
网　　　址：www.book001.com
电子邮箱：xueyuan@public.bta.net.cn
销售电话：010-67675512、67678944、67601101（邮购）
印 刷 厂：北京信彩瑞禾印刷厂
开本尺寸：185×260　　1/16
印　　张：13.75
字　　数：170 千字
版　　次：2013 年 2 月第 1 版
印　　次：2013 年 2 月第 1 次印刷
定　　价：35.00 元